中华人民共和国电力行业标准

火力发电工程施工组织设计导则

Guide for construction organization design of thermal power engineering

DL/T 5706—2014

主编机构：中国电力企业联合会
批准部门：国 家 能 源 局
施行日期：2015 年 3 月 1 日

中国电力出版社

2015 北京

中华人民共和国电力行业标准
火力发电工程施工组织设计导则
Guide for construction organization design of thermal
power engineering
DL/T 5706—2014

*

中国电力出版社出版、发行
（北京市东城区北京站西街19号 100005 http://www.cepp.sgcc.com.cn）
北京天泽润科贸有限公司印刷

*

2015年6月第一版 2019年7月北京第二次印刷
850毫米×1168毫米 32开本 5.125印张 125千字 1插页
印数3001—3500册

*

统一书号 155123.2541 定价 **42.00** 元

版 权 专 有 侵 权 必 究

本书如有印装质量问题，我社营销中心负责退换

DL/T 5706—2014

前　言

本导则根据《国家能源局关于下达 2010 年第一批能源领域行业标准制（修）订计划的通知》（国能科技〔2010〕320 号文）的要求制订。

本导则共 15 章和 13 个附录，主要技术内容有：总则、术语和定义、基本规定、现场组织机构与人力资源配置、施工综合进度、施工总平面布置、施工临时设施及场地、施工力能供应、主要施工方案及特殊施工措施、质量管理、职业健康与安全管理、环境管理、物资管理、现场教育培训、工程信息化管理。

本导则由中国电力企业联合会提出。

本导则由电力行业火电建设标准化技术委员会归口。

本导则主要起草单位：中国电力建设企业协会、上海电力建设有限公司、广东火电工程有限公司。

本导则参加起草单位：广东省电力设计研究院、浙江省火电建设公司、山东诚信工程建设监理公司、江苏省电力建设第三工程公司、天津电力建设公司。

本导则主要起草人：范幼林、王玉玲、甘焕春、曹浪恒、崔育奎、郎国成、饶国鸣、吕士波、丁毅、何伟权、施可登、秦鲁涛、张晓兵、李金玺、尹燕辉、李立斌、熊文虎、韩英明、李婧。

本导则主要审查人：徐杨、沈维春、段喜民、丁瑞明、司广全、匡乐林、刘文鑫、曹文苏、贺贤坤、安振源、何朋臣、门旭辉、屠峻、黄建新、汪杭明、赵学杰、张成贵、潘景龙、庞南生、韩长利、宋玉文、邱军平。

本导则在执行过程中的意见或建议反馈至中国电力企业联合会标准化管理中心（北京市白广路二条一号，100761）。

I

目　次

1 总则 ·· 1
2 术语和定义 ··· 2
3 基本规定 ·· 3
4 现场组织机构与人力资源配置 ··· 7
　4.1 一般规定 ··· 7
　4.2 现场组织机构设置 ··· 8
　4.3 现场管理人员配备 ··· 9
　4.4 现场施工人员配备 ··· 10
5 施工综合进度 ··· 12
　5.1 一般规定 ··· 12
　5.2 施工工期 ··· 15
　5.3 施工进度控制 ·· 19
6 施工总平面布置 ·· 22
　6.1 一般规定 ··· 22
　6.2 施工区域划分与施工用地面积指标 ······························· 24
　6.3 交通运输组织 ·· 28
　6.4 施工管线平面布置 ··· 31
　6.5 施工总平面管理 ··· 32
7 施工临时设施及场地 ··· 33
　7.1 一般规定 ··· 33
　7.2 土建工程生产性施工临时建筑及施工场地 ···················· 34
　7.3 安装工程生产性施工临时建筑及施工场地 ···················· 37
　7.4 生活性施工临时建筑 ··· 38
　7.5 施工临时建筑总面积 ··· 38
8 施工力能供应 ··· 39

8.1 一般规定 ··· 39
8.2 供水 ··· 39
8.3 供电 ··· 43
8.4 氧气、乙炔、氩气和压缩空气 ·· 45
8.5 通信 ··· 48
8.6 供热 ··· 48
9 主要施工方案及特殊施工措施 ··· 50
9.1 一般规定 ··· 50
9.2 主要施工方案 ··· 51
9.3 特殊施工措施 ··· 53
9.4 机械装备及机械化施工 ··· 54
9.5 新技术应用 ··· 55
10 质量管理 ··· 57
10.1 一般规定 ··· 57
10.2 质量目标 ··· 57
10.3 质量管理组织机构及职责 ··· 58
10.4 质量管理、质量保证措施 ··· 58
10.5 工程创优措施 ··· 59
11 职业健康与安全管理 ··· 60
11.1 一般规定 ··· 60
11.2 职业健康与安全目标 ··· 60
11.3 职业健康与安全管理组织机构及职责 ································· 61
11.4 职业健康与安全管理措施 ··· 61
12 环境管理 ··· 63
12.1 一般规定 ··· 63
12.2 环境管理目标 ··· 63
12.3 环境管理组织机构及职责 ··· 64
12.4 环境管理措施 ··· 64
12.5 绿色施工管理 ··· 65

13 物资管理 ... 67
13.1 一般规定 ... 67
13.2 物资管理组织机构及职责 ... 67
13.3 物资管理措施 ... 68

14 现场教育培训 ... 69
14.1 一般规定 ... 69
14.2 教育培训主要内容 ... 69

15 工程信息化管理 ... 71
15.1 一般规定 ... 71
15.2 信息化管理策划 ... 71
15.3 计算机网络建设 ... 71
15.4 信息技术的应用 ... 72
15.5 信息的安全和维护 ... 73

附录 A 现场管理组织机构设置图 ... 74
附录 B 施工网络进度编制示例（1000MW 机组） ... 插页 1
附录 C 施工现场主要临时用房、临时设施的防火间距 ... 75
附录 D 施工总平面布置示例 ... 插页 2
附录 E 中小型混凝土构件预制场面积和钢筋加工间、仓库面积计算 ... 76
附录 F 土建生产性临时建筑及场地参考面积 ... 79
附录 G 安装生产性临时建筑及场地参考面积 ... 91
附录 H 生活性施工临时建筑计算及人均面积参考值 ... 100
附录 J 土建、安装生活性施工临时建筑参考面积 ... 102
附录 K 施工力能供应计算参数 ... 107
附录 L 施工用气量参考表 ... 114
附录 M 冬期施工用热 ... 116
附录 N 主要施工机械配备参考资料 ... 118

本导则用词说明 ... 127
引用标准名录 ... 128
附：条文说明 ... 129

Contents

1 General provisions ·· 1
2 Terms and definitions ··· 2
3 General requirements ··· 3
4 Site organization and human resource configuration ············· 7
   4.1 Basic requirements ·· 7
   4.2 Site construction organization configuration ··············· 8
   4.3 Site management personnel configuration ·················· 9
   4.4 Site construction personnel configuration ················· 10
5 Comprehensive construction schedule ··························· 12
   5.1 Basic requirements ··· 12
   5.2 Construction period ·· 15
   5.3 Construction schedule control ······························ 19
6 Construction general layout ······································ 22
   6.1 Basic requirements ··· 22
   6.2 Construction area division and construction land area index ········· 24
   6.3 Transportation organaztion ································· 28
   6.4 Pipeline construction layout ································ 31
   6.5 Construction general layout management ················· 32
7 Construction temporary facilities and area ···················· 33
   7.1 Basic requirements ··· 33
   7.2 Productive construction temporary buildings and construction area for civil works ········· 34
   7.3 Productive construction temporary buildings and construction area for erection works ········· 37
   7.4 Temporary buildings for living ······························ 38

DL / T 5706 — 2014

    7.5   Total area for construction temporary buildings ········· 38

8   Construction energy supply ········· 39

    8.1   Basic requirements ········· 39

    8.2   Water supply ········· 39

    8.3   Power supply ········· 43

    8.4   Oxygen, acetylene, argon gas and compressed air ········· 45

    8.5   Telecommunication ········· 48

    8.6   Heat supply ········· 48

9   Main construction plans and special construction measures ····· 50

    9.1   Basic requirements ········· 50

    9.2   Main construction plans ········· 51

    9.3   Special construction measures ········· 53

    9.4   Machinery equipments and mechanized construction ········· 54

    9.5   Application of new technology ········· 55

10   Quality control ········· 57

    10.1   Basic requirements ········· 57

    10.2   Quality objectives ········· 57

    10.3   Quality control organization and responsibility ········· 58

    10.4   Quality control and quality assurance measures ········· 58

    10.5   Optimization of engineering measures ········· 59

11   Occupational health and safety administration ········· 60

    11.1   Basic requirements ········· 60

    11.2   Occupational health and safety objectives ········· 60

    11.3   Occupational health and safety administration organization and responsibilities ········· 61

    11.4   Occupational health and safety administration measures ········· 61

12   Environment administration ········· 63

    12.1   Basic requirements ········· 63

    12.2   Environment administration objectives ········· 63

12.3 Environment organization and responsibilities ·····················64
12.4 Administration measure for environment ························64
12.5 Management of green construction ······························65
13 Materials management ···67
13.1 Basic requirements ··67
13.2 Materials management organization and responsibilities ············67
13.3 Measures for meterial management ······························68
14 On-site education and training ·····································69
14.1 Basic requirements ··69
14.2 Main content of education and training ···························69
15 Project information management ··································71
15.1 Basic requirements ···71
15.2 Information management planning ······························71
15.3 Computer network construction ································71
15.4 Application of information technology ···························72
15.5 Information security and maintenance ·························73
Appendix A Diagram of site management organization ·············74
Appendix B Sample of construction meshwork schedule compilation (1000MW Unit) ··················· foldout 1
Appendix C Fire protection space of main construction temporary house and facilities ·······································75
Appendix D Sample of construction general layout ········ foldout 2
Appendix E Area calculation for small or medium size concrete structures precast area and workshop and storage ····76
Appendix F Reference area for civil work productive temporary buildings and yard ··79
Appendix G Reference area for erection productive temporary buildings and yard ··91

Appendix H Reference data for living construction temporary building calculation and average person ············100
Appendix J Reference area for civil and erection living construction temporary building ······················102
Appendix K Construction capacity and energy supply calculating parameters ··107
Appendix L Reference table for construction gas consumption ··114
Appendix M Reference table for winter construction heat supply ··116
Appendix N Reference data for main construction machinery equipped ··118
Explanation of wording in this code ································127
List of quoted standard··128
Addition: Description provisions ······································129

1 总　　则

1.0.1 为了提高火力发电工程的施工技术水平和管理水平，指导火力发电工程建设、监理、施工等单位编制和审批施工组织设计，规定施工组织设计应依据的原则，规范施工组织设计的编制内容和编制深度，体现建设单位对项目的全过程管理要求，特制定本导则。

1.0.2 本导则适用于装机容量为两台 300MW 及以上燃煤电厂的新建工程。

1.0.3 火力发电工程施工组织设计的编制除应符合本导则外，尚应符合国家现行有关标准的规定。

2 术语和定义

2.0.1 施工组织　construction organization

根据批准的工程建设计划、设计文件和工程合同，对建筑、安装工程任务从开工到竣工交付使用所进行的计划、组织、控制等活动的统称。

2.0.2 施工组织设计　construction organization design

以建筑、安装工程项目为对象编制的，用以指导施工的技术、经济和管理的综合性文件。

2.0.3 施工综合进度　integrated construction progress

规划施工准备工作和主体工程的开工至竣工投产发挥效益等的工期、施工程序和施工强度的计划。

2.0.4 施工力能　construction energy

对工程施工期间为满足施工所需的用水、用电、用气等需求的统称。

2.0.5 施工方案　construction plan

以分部分项工程或专项工程为主要对象编制的施工技术与组织方案，用以具体指导施工过程。

2.0.6 作业指导书　working instructions

针对某一具体的施工作业活动，规定其标准作业活动方法的执行性文件。

3 基本规定

3.0.1 施工组织设计分为施工组织总设计、标段施工组织设计、专业施工组织设计。本导则对施工组织设计的编制作出了规定。

3.0.2 施工组织设计的编制依据如下：
   1 工程施工合同、招投标文件和与工程有关的其他合同。
   2 已批准的初步设计及有关文件。
   3 工程概算和主要工程量。
   4 设备清单及主要材料清单。
   5 主要设备技术文件。
   6 新设备、新材料试验资料。
   7 现场情况调查资料。

3.0.3 施工组织设计应包含工程概况、现场组织机构与人力资源配置、施工综合进度、施工总平面布置及力能供应、主要施工方案及重大施工技术措施、质量管理、职业健康与安全管理、环境管理、物资管理、现场教育培训、工程信息化管理等内容。

3.0.4 施工组织设计的编制应符合下列原则：
   1 符合国家法律、法规、标准的规定，结合施工企业的特点，对工程的特点、难点、性质、工程量进行综合分析，确定本工程施工组织设计的指导方针，实现工程建设的目标。
   2 符合合同约定的建设工期、各项技术经济指标和质量目标。
   3 符合基本建设程序，做好施工前期准备工作，合理安排施工顺序，实现完整的机组投产目标。
   4 现场组织机构的设置、管理人员的配备，应精简、高效，满足工程建设的需要。

5 在加强综合平衡、调整施工密度、改善劳动组织的前提下，力求连续均衡施工，满足工程总体进度的要求。

6 施工现场布置应紧凑合理，便于施工，并符合安全、防火、环保、节能减排的要求，提高场地利用率，减少施工用地。

7 运用科学的管理方法和先进的施工技术，推广应用新技术，提高机械利用率和机械化施工的综合水平，降低施工成本，提高劳动生产率。

8 在经济合理的基础上，提高工厂化施工程度，减少现场作业，减少现场施工场地及施工人数。

9 明确质量目标，加强质量管理，保证工程质量，提高质量水平。

10 明确安全、职业健康和环境目标，加强安全、职业健康和环境管理，保证施工安全，提高安全管理水平。

11 加强物资采购、运输、验收、保管和发放的管理，确保工程物资的质量满足工程需要。

12 推行计算机信息技术在施工管理系统中的应用，提高信息化管理水平。

13 施工组织设计宜作系统的文字说明，并用图表表述，阐明各项内容依据的条件、计算根据、比选意图及技术经济指标。

3.0.5 施工组织设计编制前应进行现场调查，充分收集所需的资料。现场调查应拟定提纲，需收集的资料包括：

1 与研究、制定施工方案和确定施工布置有关的厂区水文、地质、地震、气象及测量报告。

2 与工程相关的煤源、水源、交通、输变电等配套工程建设的安排和进展情况。

3 建设单位、设计单位、监理单位、各标段施工单位的情况，各标段施工范围的划分；施工图纸目录及图纸交付进度计划；主体设备制造厂家及主要设备交付进度计划；潜在分包单位的能力、业绩及资质等情况。

4 施工地区水陆交通运输条件及地方运输能力；地方材料的产地、产量、质量、价格及其供应方式；当地施工企业及制造加工企业可能提供服务的能力及技术状况；施工地区的地形、地物；施工水源、电源、通信的可能供取方式、供给量及其质量情况等。

5 地方生活物资的供应状况等。

6 主要材料、设备的技术资料和供应状况；考虑租用的施工机械的技术资料和供应状况。

7 当地政府部门颁发的与本工程有关的地方性法规及文件。

8 同类型工程的施工组织设计及工程总结资料。

9 其他需收集的资料。

3.0.6 施工组织设计的编制和审批应符合下列规定：

1 施工组织总设计应由建设单位组织各参建单位编制，由建设单位技术负责人审批。

2 标段施工组织设计由施工单位依据施工组织总设计编制，由施工单位技术负责人审批。

3 专业施工组织设计由各施工单位专业工地依据标段施工组织设计编制，由各施工单位项目技术负责人审批。

3.0.7 本导则各项指标，按地区气象条件的差异分为四级，分别适用于四类不同地区，施工地区分类见表3.0.7。

表3.0.7 施工地区分类表

地区		省、市、自治区名称	气象条件	
类别	级别		每年日平均温度≤5℃的天数（天）	最大冻土深度（mm）
Ⅰ	一般	上海、江苏、浙江、安徽、江西、湖南、湖北、四川、云南、贵州、广东、广西、福建、海南、重庆	≤94	≤400
Ⅱ	寒冷	北京、天津、河北、山东、山西（朔州以南）、河南、陕西（延安以南）、甘肃（武威以东）	95～139	410～1090

续表 3.0.7

地区		省、市、自治区名称	气象条件	
类别	级别		每年日平均温度≤5℃的天数（天）	最大冻土深度（mm）
Ⅲ	严寒	辽宁、吉林、黑龙江（哈尔滨以南）、宁夏、内蒙古（锡林郭勒盟以南）、青海（格尔木以东）、新疆（克拉玛依以南）、西藏、甘肃、陕西（延安及以北）、山西（朔州及以北）	140～179	1100～1890
Ⅳ	酷寒	黑龙江（哈尔滨及以北）、内蒙古（霍林郭勒市及以北）、青海（格尔木及以西）、新疆（克拉玛依及以北）	≥180	≥1900

注：1. 西南地区（四川、云南、贵州）的工程所在地如为山区，施工场地特别狭窄，施工区域布置分散或年降雨天数超过150天的可核定为Ⅱ类地区。
2. Ⅰ类地区中部分酷热地区，当气温超过37℃的天数达到1个月，可核定为Ⅱ类地区。
3. 气象条件以工程初步设计或当地气象部门提供的资料为准。
4. 地区分类所依据气象条件的两个指标必须同时具备。

4 现场组织机构与人力资源配置

4.1 一 般 规 定

4.1.1 现场组织机构设置是为了充分发挥项目管理职能，提高项目管理效率，以达到项目最终目标，是施工项目管理的组织保证。施工单位应根据施工范围及合同要求，组建精干、高效的组织机构，并使之有效运行。

4.1.2 现场组织机构设置应符合下列原则：

1 现场组织机构的设置应根据施工项目的管理目标确定，在能满足施工项目管理目标的前提下，简化机构，减少现场管理人员，做到精干高效。

2 现场组织机构应是一个完整的组织结构体系，应恰当分层和设置职能部门，形成既职能独立、又相互联系的整体，人员配置上应选择合理的管理跨度。

3 现场组织机构应有相对的稳定性，不宜轻易变动。现场组织机构可随组织机构内部和外部条件的变化作出相应的调整，但重大的调整应征得建设单位的同意。

4 充分发挥施工企业自身的管理优势和特点，除合同有特殊要求外，现场组织机构的设置尚应与施工企业内部组织机构有机结合起来。

4.1.3 现场组织机构的设置应满足下列要求：

1 管理层次不宜过多，可分为决策层、管理层、作业层三个层次。

2 根据需要管理协调的具体内容、管理人员的能力和素质来确定适当的管理跨度。

3 部门的划分应根据工作内容来确定,形成既有相互分工、又有相互配合的组织系统。

4 组织机构中各部门的职能应使纵向的检查指挥灵活、指令传递快速、信息反馈及时,横向的各部门间相互联系、协调一致。

4.1.4 施工组织设计中本章的内容宜包括现场施工管理组织机构设置、管理职责、劳动力计划。

4.2 现场组织机构设置

4.2.1 主体工程施工单位组织机构可按下列要求设置:

1 决策层的设置。决策层的任务是组织实现施工项目的合同要求,应精干、高效,可由下列人员组成:

1) 项目经理 1 人。项目经理是对施工项目管理全面负责的管理者,应具有良好领导素质、知识素质、身体素质及实践经验,并具有相应资格。根据需要,项目设 1 名~3 名项目副经理。

2) 项目总工程师 1 名。在项目经理领导下全面负责项目施工的技术管理工作,必要时也可设 1 名~2 名副总工程师。

2 管理层的设置。项目管理部门是施工项目管理的职能部门,其任务是负责施工项目全过程生产和经营管理,可由下列部门组成:

1) 经营管理部门:主要负责预算、合同、索赔、资金收支、成本核算、计划统计、人力资源管理等工作。

2) 工程管理部门:主要负责施工技术、施工进度、施工总平面、施工机械管理,施工协调、文明施工、节能减排管理等工作。

3) 质量管理部门:主要负责质量体系管理、施工质量、计量、测量、试验等工作。

4) 安全管理部门:主要负责职业健康与安全、消防、保卫和环境保护管理工作。

　　5）物资管理部门：主要负责材料、半成品、工具的采购、供应、管理及设备的运输保管（建设单位委托时）等工作。

　　6）文件、信息管理部门：主要负责施工图纸和施工技术文件等资料管理以及计算机信息管理工作。该部门可单独设置也可兼设在工程管理部或办公室。

　　3　作业层的设置。作业层指土建、锅炉、汽轮机、电气、热控、机械、焊接、修配等专业施工工地或专业施工处的管理部门。

4.2.2 其他施工单位现场组织机构的设置可根据其承包的范围，并结合建设单位的管理要求进行设置。在保证职能不变的前提下，管理部门的设置可适当调整、合并简化，也可组建综合性项目管理部门。

4.2.3 主体工程施工单位组织机构设置可参见附录 A。

4.3　现场管理人员配备

4.3.1 现场组织机构管理人员的配备，应根据工程特点、施工规模、建设工期、管理目标以及合理的管理跨度进行配备，在提高管理人员整体素质的基础上优化组合，组成精干高效的管理团队。

4.3.2 现场组织机构管理人员的配备应有合理的专业结构。

4.3.3 现场组织机构管理人员应具有与其所承担的管理任务相适应的技术能力、管理水平和相应资格。

4.3.4 现场施工管理人数参见表 4.3.4。

表 4.3.4　现场施工管理人数

承包形式	施工总承包型式			建筑、安装主体工程分承包型式					
机组台数及容量	2×300MW	2×600MW	2×1000MW	2×300MW		2×600MW		2×1000MW	
				建筑	安装	建筑	安装	建筑	安装
决策层人数	3～5	4～6	4～6	3～4	3～4	4～5	4～5	4～5	4～5

续表 4.3.4

承包形式	施工总承包型式			建筑、安装主体工程分承包型式					
机组台数及容量	2×300MW	2×600MW	2×1000MW	2×300MW		2×600MW		2×1000MW	
				建筑	安装	建筑	安装	建筑	安装
管理人员数	100~120	120~140	140~160	60~80	60~80	70~90	70~90	80~100	80~100

4.4 现场施工人员配备

4.4.1 现场施工人员的数量，是工程施工组织水平的主要标志之一。应在加强项目管理、优化施工组织、提高施工机械化水平、提高施工人员技能水平等方面采取有效措施，以提高劳动生产率，减少现场施工人数。

4.4.2 按照合理组织施工的原则，依据现有施工企业当前的施工组织管理水平、技术装备和工厂化施工水平，确定现场施工人数，参见表 4.4.2。

表 4.4.2 现场施工人数

序号	地区类别	机组台数及容量	全员高峰平均人数		
			合计	土建	安装
1—1	Ⅰ类地区	2×300MW	2550~2850	1750~1850	800~1000
1—2	Ⅱ类地区	2×300MW	2850~3200	1850~2000	1000~1200
1—3	Ⅲ类地区	2×300MW	3200~3500	2000~2100	1200~1400
1—4	Ⅳ类地区	2×300MW	3500~3800	2100~2200	1400~1600
2—1	Ⅰ类地区	2×600MW	3050~3350	2000~2100	1050~1250
2—2	Ⅱ类地区	2×600MW	3350~3650	2100~2200	1250~1450
2—3	Ⅲ类地区	2×600MW	3650~3950	2200~2300	1450~1650
2—4	Ⅳ类地区	2×600MW	3950~4250	2300~2500	1650~1750

续表 4.4.2

序号	地区类别	机组台数及容量	全员高峰平均人数		
			合计	土建	安装
3—1	Ⅰ类地区	2×1000MW	3700～4000	2200～2300	1500～1700
3—2	Ⅱ类地区	2×1000MW	4000～4300	2300～2400	1700～1900
3—3	Ⅲ类地区	2×1000MW	4300～4550	2400～2600	1900～2050
3—4	Ⅳ类地区	2×1000MW	4550～4800	2600～2800	2050～2200

注：1. 本表的人数是指全员高峰平均人数，即施工高峰期各月人数的平均数。施工高峰期取总工期（即从主厂房开工至两台机组安装完成）的 1/3。高峰系数（高峰平均人数与平均人数之比）取 1.2～1.3。
  2. 专业高峰人数可调范围是指土建、安装施工高峰不同时出现的各专业高峰人数的可调整幅度。
  3. 表列新建工程全员人数，包括直接生产工人，辅助生产工人，技术、管理及后勤人员。
  4. 改、扩建工程的施工人数按其工程繁简程度乘以 0.70～0.85 的折减系数确定。

5 施工综合进度

5.1 一般规定

5.1.1 施工综合进度是协调全部施工活动的纲领,是对施工管理、施工技术、人力、物力、时间和空间等各种主客观因素进行分析、计算、比较,予以有机综合归纳后的成果。

5.1.2 施工综合进度可分为下列四种:

　　1 总体工程施工综合进度(一级进度):以工程合同投产日期及里程碑进度为依据,对各专业的主要环节进行综合安排的进度;应从施工准备开始到本期工程建成为止,包括全部工程项目,并反映出各主要控制工期。

　　2 主要单位工程施工综合进度(二级进度):以总体工程施工综合进度为依据,对主要单位工程的土建、安装工作进行综合安排的进度;应明确施工流程以及主要工序衔接、交叉配合等方面的要求。

　　3 专业工程施工综合进度(三级进度):以总体工程综合进度、单位工程施工综合进度为依据,分别编制土建、锅炉、汽轮机、电气、热控等专业的施工综合进度;在满足主要控制工期的前提下,使各专业自身均衡施工;工期安排应适应季节和自然条件的因素,确保工序合理、经济效果良好。

　　4 专业工种施工综合进度(四级进度):为保证实现施工总进度并做到均衡施工,可根据需要编制土方工程、中小型预制构件制作、各种配制加工、吊装工程等重点专业工种的施工综合进度。

5.1.3 施工综合进度的编制可采用网络进度表或横道进度表两

种形式。

5.1.4 编制总体工程施工综合进度应以完整地形成投产能力和建成本期工程为目标，对施工项目进行全面统筹安排。

5.1.5 编制施工综合进度应依据基建程序，结合工程建设特点，合理组织施工，避免土建与安装工程在同一空间内同时作业。

5.1.6 施工综合进度应处理好施工准备与开工、地下与地上、主体与外围、土建与安装、安装与调试、机组投产与扩建施工等方面的关系。

5.1.7 施工综合进度应按土建工程先地下后地上，主要地下工程先深后浅、一次施工的原则进行安排。其中，厂区围墙内的地下设施应按先深埋后浅敷、地下沟管合槽一次施工的要求进行安排，具体按以下要求：

1 厂区雨水排水干线、循环水管道干线力争在开工初期完成，以保证厂区排水畅通，主干道路完好，并能充分利用回填后的施工场地。

2 主厂房 A 排前及固定端的各种沟、管、线及基础等，尽量与主厂房零米以下工程同时施工。

3 主厂房锅炉房外侧的地下沟、管、线，应与烟尘系统基础同时施工。

4 水管道、主电缆等安装量大的沟道，应在有关辅助生产建筑施工前完成。

5 厂区围墙内其他部位的地下沟管道可分区、分段安排合槽施工，避免重复挖土。

5.1.8 施工综合进度应按先土建、后安装、再调试的顺序进行安排。

1 土建交付安装的条件完备。

2 主厂房结构吊装与除氧器及水箱、行车、钢煤斗等大件的就位，锅炉房采用联合结构形式时结构与设备吊装的配合等土建、安装之间一些必须的工序交叉，应在综合进度中结合设备供应计划统筹安排。

3 集中控制室、主厂房内的发电机小间以及厂用电系统的土建工程，应尽早安排施工，确保按期交付安装。

4 机组进入调试阶段具备的条件，应符合 DL/T 5437《火力发电建设工程启动试运及验收规程》的规定。

5.1.9 施工综合进度应使冷却塔、空冷岛等辅助工程与主体工程配套。当厂区外围工程量很大时，一些工程量大的外围工程项目具备条件时可先于主厂房开工。辅助工程可参照下列要求安排：

1 电气系统：以满足受电试运时间的要求作为控制工期来安排集中控制室、升压站及厂用电系统的土建和安装进度。

2 化学水系统：按锅炉水压或化学清洗前能制出合格的除盐水的要求来安排土建和安装进度。

3 启动锅炉：按燃油系统达到卸油条件或锅炉水压、化学清洗前可投入来进行安排。Ⅱ、Ⅲ、Ⅳ类地区应根据机组试运前冬期防寒采暖的需要来安排。

4 煤、灰、水、暖通、脱硫、脱硝、空冷岛等其他辅助生产系统按分部试运和整套启动计划的要求进行综合安排。

5 烟囱应先于主厂房开工，避免与脱硫和烟尘系统交叉施工；烟囱外模提升前应完成周围脱硫、烟尘系统的桩基施工。

6 采用侧煤仓布置方案时应降低侧煤仓建筑施工对锅炉安装的影响，并应减少煤斗吊装与锅炉安装的交叉。

7 采用空冷岛或冷却塔布置方案时，空冷岛与冷却塔的施工进度应与总体工程施工进度相适应。

5.1.10 施工综合进度应根据专业施工流程、结合下列要求作出安排：

1 在主体工程与辅助、附属工程之间分区组织流水施工。在多机组连续施工的情况下，可在主体工程中组织土建、安装各自的分段流水施工，以扩大各专业的施工作业面，并减少主体工程之间和不同专业之间的相互干扰。

2 在各专业工程内部组织不同工种之间的按比例流水作业。可先安排好主导工种的按比例流水,以此带动其他工种的平衡流水。

3 安排好高空作业和地面作业的关系,烟囱与其临近的烟尘系统的施工要适当错开。

4 利用非关键路径项目的时差,调整非关键路径项目的开竣工日期,使之符合既控制进度,又达到均衡施工的要求。

5.1.11 施工综合进度安排应考虑季节对某些施工项目的影响。

1 Ⅱ、Ⅲ、Ⅳ类地区的土方施工、人工地基处理、卷材防水、室外装修和烟囱、冷却水塔筒壁等工程,不宜列入冬期施工。

2 多风地区的高空吊装作业和高耸构筑物施工宜避开大风季节。

3 江湖岸边水工构筑物宜在枯水季节施工下部工程。

4 Ⅲ、Ⅳ类地区不宜在严寒季节进行第一台新建机组整套启动试运行工作。

5.1.12 施工二级进度计划编制可参见附录 B。

5.1.13 施工组织设计中应以总体工程施工综合进度为依据,全部或部分编制下列计划和措施,以保证施工综合进度的实现:

1 施工二级进度计划。

2 图纸交付计划。

3 设备交付计划。

4 原材料及周转性材料进场计划。

5 机械及主要工器具供应计划。

6 非标准设备及外委加工件加工配制计划。

7 中小预制构件制作计划。

8 保证工期的措施。

5.2 施 工 工 期

5.2.1 合理的施工工期是保证工程施工安全、质量、成本、促进节能减排的重要条件。建设单位或主管部门应按科学合理的原则，制定技术上可行、经济上合理的建设工期。

5.2.2 合理工期是指在确保工程施工安全和质量的前提下，配备适当的施工人员数量，运用合理可靠的施工机械装备、施工材料、施工工艺和技术措施，以满足符合合同要求和企业利益的施工进度。

5.2.3 主要设备、材料和施工图纸资料的交付进度是工程施工工期编制的依据。

5.2.4 推荐工期是在资金到位、设计图纸及设备交付满足施工要求、施工生产生活设施配备齐全的前提下，结合现阶段企业施工技术水平、机械施工能力所能实现的工期，可用于各项目建设工期的策划。在保持主厂房开工至两台机组投产总工期不变的情况下，各阶段工期安排可按工程特点进行适当调整。大型火力发电新建工程的施工工期推荐参见表5.2.4。

表5.2.4 大型火力发电新建工程的施工工期推荐表（月）

序号	地区类别	机组台数及容量	现场施工准备	主厂房开工至安装开始	安装开始至1号机组168h试运结束	1号机组投产至2号机组168h试运结束	主厂房开工至1号机组168h试运结束	主厂房开工至2号机组168h试运结束
项	（1）	（2）	（3）	（4）	（5）	（6）	（7）	（8）
项间关系	—	—	—	—	—	—	（4）+（5）	（4）+（5）+（6）
1-1	Ⅰ类地区	2×300MW	6～10	3.0	18.0	3	21.0	24.0
1-2	Ⅱ类地区	2×300MW	6～10	4.0	19.0	3	23.0	26.0
1-3	Ⅲ类地区	2×300MW	6～10	5.0	19.0	3	24.0	27.0
1-4	Ⅳ类地区	2×300MW	8～12	6.0	19.5	3	25.5	28.5
2-1	Ⅰ类地区	2×600MW	8～12	3.5	20.5	4	24.0	28.0
2-2	Ⅱ类地区	2×600MW	8～12	4.5	21.5	4	26.0	30.0

续表 5.2.4

序号	地区类别	机组台数及容量	现场施工准备	主厂房开工至安装开始	安装开始至1号机组168h试运结束	1号机组投产至2号机组168h试运结束	主厂房开工至1号机组168h试运结束	主厂房开工至2号机组168h试运结束
项	(1)	(2)	(3)	(4)	(5)	(6)	(7)	(8)
项间关系	—	—	—	—	—	—	(4)+(5)	(4)+(5)+(6)
2-3	Ⅲ类地区	2×600MW	8～12	5.5	22.5	4	28.0	32.0
2-4	Ⅳ类地区	2×600MW	10～14	6.5	23.5	4	30.0	34.0
3-1	Ⅰ类地区	2×1000MW	8～12	4.0	25.0	5	29.0	34.0
3-2	Ⅱ类地区	2×1000MW	8～12	5.0	26.0	5	31.0	36.0
3-3	Ⅲ类地区	2×1000MW	8～12	6.0	27.0	5	33.0	38.0
3-4	Ⅳ类地区	2×1000MW	10～14	7.0	28.0	5	35.0	40.0

注：1. 以上推荐工期参考《电力工程项目建设工期定额》及 DL/T 1144《火电工程项目质量管理规程》编制。主厂房开工即主厂房基础浇筑垫层混凝土。

2. 2×300MW 机组推荐工期参照Ⅱ型结构（指主厂房为钢筋混凝土结构，炉架为钢结构），2×600MW 机组及 2×1000MW 机组推荐工期参照Ⅱ型结构（指主厂房为钢筋混凝土结构，炉架为钢结构）。

3. 推荐工期以本表第（7）、（8）项为准。

4. 新建工程的机组台数多于两台且主厂房零米以下为一次施工时，土建工期按增多的台数相应增加，每增加一台按本表第（4）项增加 1.5 个月。第（5）、（6）项不变，第（7）、（8）项相应调整。

5. 改、扩建工程的推荐工期，视工程繁简程度按本表第（3）、（4）、（5）、（6）项乘以 0.7～0.9 的折减系数计算，第（7）、（8）项相应缩减。

6. 如主厂房基础挖方有石方（不含卵石层）且其量超过总挖方量的 30%时，土建工期则应为本表第（4）项的 2 倍。

7. 主厂房基础挖方工期不包括地基处理的工期，对需进行打桩等地基处理的工程，且该地基处理的工艺是在土方开挖后进行的，本表第（4）项可按不同地基处理方法适当增加工期 3～5 个月。

8. 安装国外设备的工程，由于设备结构、供货方式、安装方式的差异，套用本表时第（5）、（6）项可适当调整，第（7）、（8）项相应变更。

5.2.5 现场施工准备工期是指工程初步设计已批准、工程及施工用地的征、租手续已办妥、与各施工单位签订的合同已生效、主要施工单位进入现场、开始进行总体施工准备工作起至基本具备开工条件所需的工期。在此以前由建设单位和施工单位所进行的前期工作及非现场性准备工作不计算在内。

5.2.6 施工场地具备开工的条件包括：

1 现场应达到道路、铁路、通信、水、电通畅，场地整平（以下简称"五通一平"），生产、生活条件均达到开工后能保持连续施工的要求。

2 主厂房地基处理完毕。

3 能按综合进度安排逐步扩大施工面。

5.2.7 主厂房开工前应完成现场施工准备工作，包括：施工组织设计已批准，生活性施工临时建筑可满足施工人员陆续进场的需要，现场"五通一平"基本完成，土建及公用的生产性施工临时建筑完成70%以上，开工阶段的施工图已交付，后续图纸可满足连续施工的需要，主要施工生产线已形成生产能力，完成相应的技术和物资准备。

5.2.8 主厂房区域进入安装的条件可因厂房类型、结构型式及施工方法的不同而有所区别，但以避免土建、安装在同一空间进行同时作业的大交叉施工为原则，符合下列要求：

1 汽机房：零米以下基础、沟坑、地下室、初地坪完成；设备基础、吊车梁、运转层及加热器平台交付安装；围护结构、屋面防排水及室内主要部位的粉刷完成；入冬前要形成建筑封闭，达到保温条件。

2 锅炉房：锅炉房基础、主要的地下沟管道和地下设施、设备基础及初地坪完成。

3 除氧煤仓间：厂房结构吊装或现浇混凝土结构浇灌完成并达到设计强度要求；原煤斗结构完成；屋面及电气间防水完成；除氧器及水箱等大件设备的存放就位及各层间隔墙的施工交叉由

土建、安装双方协商安排；安装所需起吊工具的施工留孔由双方商定。

5.2.9 土建交付电气、热控系统安装需达到下列条件：

1 升压站的基础、构架、地面完成。

2 变压器基础的排油坑及坑内填石完成。

3 集中控制室、电子设备间、网控室、厂用电室等电气建筑物的屋面、楼面、防水、排水、室内粉刷、地面、吊顶、照明、门窗及锁具的安装等均应完成。消防、暖通、通信等辅助设施的安装完成。

5.2.10 煤、灰、水等系统的辅助生产建筑交付安装需达到下列条件：

1 零米以下的建筑物基础、设备基础、沟道、回填土及初地坪完成。

2 围护结构、屋面防水、排水、楼梯、平台、栏杆完成。

3 室内粉刷、暖通、卫生设施等工作，除因设备安装需预留外，应先行完成。

5.2.11 修配厂、综合楼、试验室、仓库等附属生产建筑以一次竣工交付安装或使用为原则。

5.3 施工进度控制

5.3.1 施工进度控制应以实现施工合同约定的投产日期为最终目标。

5.3.2 设计图纸需在单位工程开工前 2 个月交付，设备、材料需在单位工程开工前 1 个月交付。

5.3.3 里程碑进度是工程施工进度控制的关键，土建、安装、调试作业的安排均应以确保里程碑进度的实现为目标。各关键节点的实现应具备下列条件：

1 主厂房基础浇第一方混凝土：满足本导则第 5.2.6 条的要求，主厂房基础施工方案已批准；现场水、电、机械、道路、照明等已具备混凝土浇筑条件；混凝土供应能满足现场连续施工要求。

2 锅炉钢架吊装：锅炉基础地下设施全部完成，零米以上施工后不再重复进行开挖。

3 受热面吊装：锅炉钢架大板梁吊装完成，炉顶吊杆吊装完成，炉顶钢架基础划线、锅炉主钢架整体找正、基准标高点验收结束，锅炉钢架高强度螺栓安装检查合格，钢架柱脚二次灌浆完成并验收合格。

4 汽轮机台板就位：汽机房屋面防水、排水完成，汽轮机基础纵横中心线、标高基准点已验收，基础沉降观测原始记录齐全。基础及预埋件验收记录齐全。运转层平台、栏杆、步道完工，临时孔洞封闭。汽机房行车安装、荷载试验结束并经验收合格，具备运行条件。

5 锅炉水压：锅炉受热面安装完成，与锅炉受热面进行焊接的所有工作完成，受热面和管道上的温度元件插座和取源部件安装完毕，管道支吊架全部安装结束并经验收合格，钢梯、平台、栏杆安装结束并验收合格，水压试验所用化水水质合格。

6 DCS 装置复原：集中控制室、电子设备间、工程师站室内的土建工作已完成，室内的 DCS 系统装置安装工作已全部完成，相应的暖通系统投入运行，DCS 受电电源设施已完成调试工作，具备送电条件，系统接地已完成并通过验收。

7 厂用电受电：电气开关室、集中控制室完成土建和安装工作，受电范围内的电气联锁和保护装置调试工作结束，开关室的暖通和消防、照明、通信应具备投用条件。

8 汽轮机扣盖：轴系找正结束，高、中、低压缸找正完成，汽缸内部通流间隙调整结束，凝汽器与低压缸连接完成，低压缸抽汽管连接结束，凝汽器灌水试验结束。汽缸内部合金钢零部件、热控测量元件管材及焊口光谱复查结束。高温紧固件光谱、硬度及金相复查结束。

9 汽轮机油冲洗：主油箱、油泵等设备以及油管道安装工作结束并经验收合格，轴承座内部清理工作完成并封闭，油泵已完成单机试运转，现场有可靠的消防设施。

10 锅炉化学清洗：各相关系统均应完成安装和分部试运转工作，包括锅炉本体、循环水、压缩空气、闭式冷却水、辅助蒸汽、除盐水、凝结水、高低压给水、机组排水、废水处理、锅炉注水、加药、燃料、灰渣、热控系统及消防水系统等。炉前系统清洗完成。启动锅炉投入运行。

11 点火吹管：锅炉系统安装基本完成，汽轮机投盘车，给水泵组调试完成，柴油发电机具备投用状态，相关的电气、热控系统完成调试工作，点火吹管必须投运相应的电气、热控联锁保护，脱硫、脱硝同步具备通烟气条件。

12 整套启动：在机组整套启动前，正式照明、通信、消防均应投运，空冷岛热态冲洗结束，汽轮机真空试验完成，电气升压系统安装调试结束，电气、热控系统静态调试和机组联锁试验工作均已完成。

13 机组并网：在机组并网前完成汽机空负荷试验、电气并网前的试验。

14 168h 试运行：所有存在的问题已处理完毕，机组保护应100%投入；按运行规程和试运行作业指导书检查各系统、设备符合满负荷连续运行条件；汽水品质满足正常运行要求；燃煤机组已达到断油、投高压加热器、投除尘器、脱硫、脱硝，机组能带稳定的负荷。

6 施工总平面布置

6.1 一般规定

6.1.1 施工总平面布置应对施工区域划分、施工用地面积、交通运输组织、施工管线平面布置等内容作出具体规划。

6.1.2 施工总平面布置应包含以下内容：
 1 施工区域的划分。
 2 交通运输的组织与安排。
 3 各种临时建筑的布置。
 4 施工设施、力能装置和器材堆放等方面的布设。
 5 场地的竖向布置。
 6 施工总平面布置管理规划。

6.1.3 施工总平面布置应符合下列原则：
 1 综合分析施工条件和工程所在地的社会自然条件，规划施工现场的排水设施，处理好环境保护与施工场地布局的关系，合理确定并统筹规划为工程施工服务的各种临时设施。
 2 充分利用社会资源、合理利用土地。
 3 紧凑合理、符合流程、方便施工、节省用地、有利生活、易于管理、安全可靠、经济合理、注重环境保护。

6.1.4 布置施工总平面时应依据下列资料：
 1 经确认的厂址位置图、厂区地形图、厂区测量报告、地质资料、水文气象资料、厂区总平面布置图、厂区竖向布置图及厂区主要地下设施布置图等。
 2 现场踏勘和调研取得的厂址附近相关社会资源资料，包括项目所在地的特殊要求、地方性材料情况、可提供力能现状、交通运输状况等。

3 电厂总规模、工程分期、本期工程内容、建设意图和投产日期要求等。

4 施工一级进度计划。

5 主要施工技术方案。

6 大型施工机械选型、布置及其作业流程的初步方案。

7 各专业施工加工配置的工艺流程及其分区布置初步方案。

8 大宗材料、设备的总量及其现场储备周期，材料、设备供货及运输方式。

9 主要临时建筑的项目、数量、外形尺寸。

10 各种施工力能的总需用量、分区需用量及其布设的原则方案。

11 各标段施工范围的划分资料。

6.1.5 施工总平面布置图应包括下列内容：

1 建筑标准图例，要求比例恰当，并带有坐标方格网和风玫瑰。

2 待建和原有永久性建构筑物的位置、坐标及标高。

3 永久厂区边界和永久征购地边界。

4 施工区域分布，并注明区域内设置的各类临时建筑、作业场、堆放场、主要大型吊装机械、道路、铁路、主要力能管线的位置、坐标及标高。

5 厂区测量控制网基点的位置、坐标。

6 施工期间厂区及施工区竖向布置，排水管渠的位置、标高。

7 施工临时围墙位置及征租地边界。

8 施工道路的引接、采用的设计标准、路面宽度、路面结构型式及长度。

9 施工水源、电源的位置、供水管线的引接、管径及长度。

10 厂内蓄水池的容积和最大供水能力。

11 现场设开关站的容量及施工降压变压器的台数和容量。

6.1.6 根据项目总体部署，宜在施工总平面布置图的基础上绘制阶段性或局部区域的施工总平面布置图。

6.1.7 施工总平面布置图应附有下列技术经济指标：

1 施工临时建筑及场地一览表。

2 施工道路一览表。

3 施工力能管线一览表。

4 施工用地一览表，包括生活区占地面积、施工区占地面积、施工用地总面积。

6.1.8 分标段招标的工程，总平面布置负责管理单位应将各标段的技术经济指标汇总，在施工组织总设计中列出汇总资料。

6.2 施工区域划分与施工用地面积指标

6.2.1 厂区工程的施工区域可按下列划分：

1 土建作业与堆放场。

2 安装作业与堆放场。

3 修配加工区。

4 机械动力区。

5 仓库区及行政生活服务区等。

6.2.2 施工区域规划布置应符合下列原则：

1 施工区域应以交通运输线为纽带，按工艺流程和施工方案的要求作有机联系的布置。

2 施工单位的生活区应相对独立，并布置在主导风向的上风侧。生活临时建筑应有利于生产、生活、职工健康与安全，力求规范、标准、实用。

3 厂外工程的施工区按厂外工程的具体情况布置，但其设施应从简。

4 对已明确将连续进行扩建的工程，场地布置应满足扩建工程施工的需要。对近期内有扩建可能或预留扩建容量很大的工程，场地布置宜以近期需要为主，适当考虑扩建时施工的需要。

5 分标段招标的工程在施工区域划分时,应满足施工工期对场地的要求及各施工阶段的衔接要求,施工场地宜能重复利用。

6 多台机组连续安装时,为了缩短工期,可从扩建端等位置运入设备器材,使安装、土建有各自的运输通道,避免相互干扰。

7 两台机组分别由不同单位施工时,为满足同时施工的需要,可从扩建端以外的方向布置设备组合场地,使施工单位有各自的施工区域。

8 利用电厂生产区域布置临时施工场地时,应考虑机组投产后电厂生产管理的需要。

9 施工现场主要临时用房、临时设施的防火间距应符合附录 C 的要求。

10 施工现场需设置放射源库时,放射源库的设计以及安全距离,必须符合国家、行业有关条例和标准的要求。

11 为便于保安及交通管理,施工区域应设临时围墙,出入口的布置应使人流、车流分开,并设专人管理。现场出入口不应少于两处,电厂投产后施工区与电厂厂区应有各自的出入口。铁路进现场处的大门不得兼作人流出入口。

12 汽机房和除氧间扩建端的延伸区可作为主厂房钢结构堆放组装场地、汽轮机管道组合场地、设备堆放场地,先期可作为土建加工制作场地。锅炉房和除尘器扩建端的延伸区可作为锅炉设备堆放场地和组合场地。升压站扩建端外侧可作为电气施工区和土建施工区。

13 主厂房扩建端山墙柱中心线向外延伸30m左右以内的区域作为土建、安装共用的机动场地,不宜布置长久占用的施工设施。

14 主厂房扩建端外侧场地按照专业施工先后次序以及专业内部工序的先后次序交替使用,以提高场地利用次数。

15 各辅助及附属生产建筑附近的场地,宜先期作土建施工场地,后期作安装场地。

16 经由铁路运输的设备和砂、石、水泥、木材、钢材等大宗材料的卸车场地、堆放场地、仓库，应沿铁路线布设。相应的搅拌站、钢筋加工间、铆焊间等应布置在邻近位置。

施工总平面布置示例参见附录D。

6.2.3 施工阶段的场地竖向布置应满足下列要求：

1 各施工区域排水系统完善、通畅、衔接合理。可采用明沟排水，沟的坡降不宜小于0.3%。

2 在丘陵或山区，宜按台阶式布置施工场地，当高差大于1.5m时，应砌筑护坡或挡土墙。

3 在丘陵或山区现场，当施工期间未能建成永久的排洪系统时，应在雨季前先建临时排洪沟。临时排洪沟的断面应通过计算确定。

4 厂区永久排水系统应尽早投入使用。如必须设置临时中继或终端排水泵站时，排水泵出力应以保证该区域在施工期内不发生内涝、不影响施工生产及职工正常生活为原则。

5 生活区应设有雨水及生活污水的排放系统。

6 污水排放应符合国家与地方的环保规定。

6.2.4 工程的施工用地面积参考指标参见表6.2.4。

表6.2.4 各类地区不同机组容量施工用地面积推荐指标表（hm^2）

序号	机组台数及容量	施工区用地	施工单位生活区用地	施工用地合计（施工区用地+施工单位生活区用地）
1	Ⅰ类地区			
1—1	2×300MW	19.0	3	22.0
1—2	2×600MW	23.0	4	27.0
1—3	2×1000MW	26.5	5	31.5
2	Ⅱ类地区			
2—1	2×300MW	20.0	3.5	23.5

续表 6.2.4

序号	机组台数及容量	施工区用地	施工单位生活区用地	施工用地合计（施工区用地+施工单位生活区用地）
2—2	2×600MW	24.0	4.5	28.5
2—3	2×1000MW	28.0	5.5	33.5
3	Ⅲ类、Ⅳ类地区			
3—1	2×300MW	20.5	4	24.5
3—2	2×600MW	24.5	5	29.5
3—3	2×1000MW	28.5	6	34.5

注：1. 本表中四类施工地区的分类见表 3.0.7，表 3.0.7 中涉及西南地区因多雨酷热原因而导致地区分类改变的规定，不影响本表施工用地面积控制指标。

2. 本表为施工总承包形式的用地，如工程划分为多个标段，每增加 1 个标段，面积适当增加。

3. 施工用地指供施工用的全部土地，包括厂区围墙外需征租的施工用地。

4. 当机组容量与本表不一致时，套用最近容量机组的指标。

5. 当主厂房为钢结构时，按 1.1 系数调整施工生产用地。当单台机组施工时，按 0.8 系数调整施工生产区、生活区用地。

6. 施工生活区建筑物以楼房为主，平房为辅。

7. 如施工单位已建成基地，或利用社会资源，可相应减少生产及生活性施工临时建筑面积时，应相应核减施工用地面积。

8. 本表取用的系数值如下：
   1) 施工用地建筑系数：K_1=临时建筑面积/用地面积，取 0.12～0.2。
   2) 施工场地利用系数：K_2=用地有效面积/用地面积，取 0.8～0.85，因施工用地中包括交通道路及动力能源管线用地，约占施工用地面积的 15%～20%。
   3) 生活区用地建筑系数：平房 K_1=0.35～0.40；二层楼房 K_1=0.45～0.55；三、四层楼房 K_2=0.60～0.65。

9. 山区或丘陵地区地面高差较大，其建筑系数 K_1 及场地利用系数 K_2 可降低 5% 左右。

10. 火电工程现场受到场地的限制，施工用地面积无法达到指标面积要求，给施工带来一定困难时，建设单位应采取相应措施使施工能够顺利进行。

6.2.5 因下列原因确需增大施工用地，并超过表 6.2.4 指标时，施工单位可向建设单位提出，由建设单位核定：

1 由于工期安排或主厂房结构布置上的原因使大型构件预制场和锅炉组合场不能交替使用时。

2 考虑扩建工程的需要,适当延伸扩建端外侧的施工场地时。

3 需要在现场设置大直径预应力混凝土管制作场、冷却水塔淋水网格板制作场或轧石场等其他特殊情况时。

6.3 交通运输组织

6.3.1 应依据下列资料编制交通运输组织方案:

1 运至现场的材料、设备、加工件、施工机械等的运输总量及运输方式。运输总量应按工程实际需要测算;运输方式包括使用的不同运输工具和卸车方法、堆集方法等。

2 按不同运输方式分别估算外部运入物资的日最大运输量及最大运输密度。

3 厂内各加工区及主要堆放场的场内二次搬运总量、日最大运输量及日最大运输密度。

4 超重、超高、超长、超宽的设备及外委加工件的明细表。

6.3.2 场内道路设置应符合下列原则:

1 厂内施工道路干线的设置宜与工程永久道路的规划一致。

2 主厂房区及货运量密集区(如搅拌站、预制场、设备堆放场),宜设置环形道路。

3 各加工区、堆放场与施工区之间应有直通连接的道路。

4 作为消防通道的道路,消防车应能直达主要施工场所及易燃物堆放场地。

6.3.3 场内道路设计应满足下列技术要求:

1 厂内施工区道路在交通频繁、通行大型移动式起重机械或大型平板车时,其主干道路面宽不宜小于8.0m,双行道路面宽宜取6.0m~7.0m,路肩宽宜1.0m~1.5m,单行道路面宽宜3.5m,路肩宽宜0.7m。

2 道路两侧应设排水沟，确保排水通畅。

3 弯道半径宜取 15.0m，特殊情况下不小于 10.0m。

4 通过大件运输车辆的弯道半径根据实际使用车辆的要求确定。

5 运输大件设备的大型平板车通过的道路，其路基应根据大型平板车实际轮压进行设计。

6 纵向坡度不宜大于 4%，特殊地段或山区可取 8%。

7 会车视距不小于 30.0m。

8 道路穿越栈桥或架空管道时，其通行净空高度应按拟通过的最高运输件确定，宜大于 5.0m。该段行车路面宽应加大 0.5m。

9 永临结合的道路，路基除应满足永久道路的设计要求外，尚应满足施工的特殊要求。

6.3.4 厂内道路与铁路应减少交叉，必须交叉时应满足下列要求：

1 尽量采用正交，必须斜交时其交叉角应大于 45°。

2 交叉点不宜设在铁路线群、道岔区、卸车线及调车作业频繁的区间。

3 交叉道口处的铁路宜为平坡，道口两侧道路的平道长度不应小于 13.0m，连接平道的道路纵向坡度不宜大于 3%，困难地段不大于 5%。

4 道口应加铺砌层，铺砌宽度应与道路宽度相同，主要道口应设置有人管理的安全设施。

6.3.5 厂区施工道路路面设置宜满足下列要求：

1 厂区施工道路宜优先选用混凝土路面。

2 永临结合的主干道路面，宜先浇筑一层混凝土路面，在工程完成各重件吊装后按路面设计标高浇筑第二层混凝土。

6.3.6 主要设备或大件厂外公路、铁路、水路运输的组织应符合下列原则：

1 厂外运输线应利用电厂的厂外铁路专用线和厂外码头。厂外公路应先期建成投入使用。

2 当情况特殊，或因正式运输设施在开工前无法建成而必须修建厂外临时运输设施时，应逐项列入施工组织设计，由建设单位核定。

3 当电厂主要设备以公路或内河运输方式运入，且运输路途较长或沿途障碍较多时，应对运输沿线的通过能力进行调查、技术经济比较，并提出运输机具选择方案。

4 当建设单位委托运输时，应列入施工组织设计，并由建设单位核定。

6.3.7 经铁路运入超宽、超高设备及外委加工件时，应了解沿途桥梁、隧道的通过限界，并取得铁路运输部门的同意。

6.3.8 大型有轨起重机械基础、固定式起重机械基础、大型移动式起重机械基础应满足下列要求：

1 应根据其最大轮压和轮距或最大履带压力进行路基承压力验算，并确定路基的处理措施。

2 在软土或回填土上布置大型起重机械时，应对路基或地基采取加固措施，使路基满足强度和稳定性要求。

3 塔式起重机、门座式起重机、龙门式起重机等各种有轨起重机械轨道应采用钢筋混凝土轨枕，轨枕的断面及配筋应通过计算确定。

6.3.9 现场采用水路运输时，应满足下列要求：

1 应了解江、河、湖、海的季节性水位变化情况与通航期限，并采取相应的水路运输措施。

2 水路运输应采用电厂永久码头，如永久码头在施工时尚不能建成而必须设临时码头时，其型式、大小、构造按施工运输量和使用年限的实际需要设计，并应满足低水位时运输和装卸的要求。

3 水运码头宜设置专用的装卸机械。

4 码头与厂区连通的公路在码头附近应设回车道。

6.4 施工管线平面布置

6.4.1 施工管线包括以下类型：
1 架空电力及通信线。
2 地下电缆。
3 上下水道。
4 蒸汽管道。
5 氧气和乙炔施工力能管线。
6 计算机网络线及其他管线等。

6.4.2 施工管线布置应遵循以下原则：

1 施工管线应统一规划布置，对分标段招标的工程，应满足各施工单位之间的管线接口要求，以及力能计量。

2 计算机网络线及通信线路应采取架空布设或地下埋设，宜统一考虑、综合布置。

3 施工管线宜沿道路或铁路布置。

4 管线穿越道路、铁路时应作适当的加固防护。

5 长期使用的管道应埋入地下，Ⅱ、Ⅲ、Ⅳ类地区管线的埋置深度应满足防冻的要求。

6 多台机组连续施工的工程或近期内将要扩建的工程，施工管线布置应以满足本期使用的需要为主，适当照顾续建工程的需要，或者采用一次规划分期实施的办法，做到经济合理、使用方便。

7 各种管道在平面布置上的净距，应满足使用和维修的要求，并应按 GB 50289《城市工程管线综合规划规范》的要求布置。

8 各种地下管线与建构筑物的净距应满足建构筑物的安全和管线使用、维修的要求，并应按 GB 50289《城市工程管线综合规划规范》的要求布置。

9 管道规划设计时，方便安装的同时应方便管线拆除。

6.5 施工总平面管理

6.5.1 应制订施工总平面管理制度。该制度应满足下列要求：

1 保证各施工单位各专业之间合理交叉作业。

2 满足交通运输、保卫、消防、防洪、环保、文明施工的要求。

3 保证施工总平面布置不被随意变动。

6.5.2 施工总平面布置日常管理宜采用下列方式：

1 厂区内工程由一个施工单位总承包施工时，该施工单位负责施工总平面日常管理工作。

2 分标段招标的工程项目，由建设单位或委托有关单位负责施工总平面日常管理与协调工作，并做好总体规划、统一标准、明确接口关系、确定共用场地及共用设施等工作，做到以下几点：

1）各标段的施工平面竖向布置及排水系统应与施工总平面布置一致，排水方向合理。

2）各标段的施工用水、施工用电、通信系统、照明、排水系统、施工道路的日常维修保养及必要的计量等必须满足总平面布置管理要求。

3）各标段管辖范围内测量方格网点的复核、维修、保护等必须满足总平面布置管理要求。

7 施工临时设施及场地

7.1 一般规定

7.1.1 施工组织设计应对施工临时设施及场地进行科学、合理的规划。工程开工前，施工单位应按施工准备工作的计划和施工总平面布置的要求完成相应的现场临时设施，形成施工生产能力，满足生活使用要求，使施工能连续地进行。

7.1.2 施工临时设施主要包括：

1 生产性施工临时建筑：土建、安装的各种加工车间、各类仓库、办公室、试验室、班组间、工具房、休息室、厕所等。

2 生活性施工临时建筑：宿舍、食堂、浴室、医务所、小卖部、文体设施、厕所等。

3 施工与生活所需的水、电、卫生设施，计算机网络系统设施和通信设施，以及施工用的氧气、乙炔、氩气、压缩空气、蒸汽等动力能源设施。

4 施工与生活所需的交通运输系统，包括厂区道路、专用码头、桥涵及主要装卸设施等。

5 各种有轨吊车的轨道，施工及生活区的防洪排涝设施、下水管道、围墙等临时设施。

7.1.3 施工场地主要包括：各类材料设备的露天堆放场、设备材料周转场、钢结构堆放和拼装场、土石方中转和弃土堆放场、露天加工制作场、各类机械停放场及安装各类组合场等。

7.1.4 施工临时设施及场地的规划应符合国家现行的防火、职业健康与安全、环境保护等有关政策、法规规定。在有条件的地区宜充分利用基地加工能力和工厂化、社会化服务，符合有利生产、方便生活、降低成本和节约用地的原则，力求合理、适用、紧凑、经济。

7.1.5 工程施工前应根据土石方平衡设计，安排必须的土石方中转和土石方弃土堆放场地；施工现场应设置建筑垃圾与生活垃圾堆放场，按环保要求分类收集、存放并采取必要的措施及时处理。

7.1.6 生产性与生活性施工临时建筑的结构选型应因地制宜，就地取材，宜减少木制品使用量，优先采用新型轻质结构材料。推荐使用可装卸、能周转、性能好的装配式或集装箱式活动房屋、轻型结构房屋。

7.1.7 生产性施工临时建筑基本型式，应根据当地环境、气候自然条件和施工企业的自身特点等综合考虑，逐步实现定型化、标准化。

7.1.8 临时建筑在满足使用要求的前提下力求节约减少费用。生活性施工临时建筑的标准可适当高于生产性临时建筑，宿舍及招待所的标准又可略高于其他生活性施工临时建筑。建筑设计应提高平面利用系数和空间利用率，降低造价，改善使用功能。

7.1.9 危险品库应设置在当地常年主导风向的下风区域，并符合 GB 50016《建筑设计防火规范》的有关规定。

7.1.10 高度在 15m 及以上的汽机房、锅炉、烟囱、水塔等孤立的高耸建筑物、危险品仓库、封闭仓库、生活宿舍楼、架空线路，以及现场施工使用的各类大型起重机械，应做好防雷措施，并符合 GB 50057《建筑物防雷设计规范》有关规定。

7.1.11 在自然采光差的场所施工，应设临时照明。各种场地所用的照明器具应根据不同的环境条件进行选择，须符合 JGJ 46《施工现场临时用电安全技术规范》的有关规定。

7.2 土建工程生产性施工临时建筑及施工场地

7.2.1 土建工程的生产性施工临时建筑及施工场地包括下列项目：

1 混凝土系统：包括混凝土集中搅拌站、现场简易小型搅拌站、中小型构件预制场，区域内应考虑混凝土搅拌站办公室、试验室、水泥/粉煤灰储存罐或袋装水泥库、拆包间、洗车台、检修台、泵罐车库、砂石堆放场及通道等设施。

2 钢筋加工系统：包括钢筋原材料堆放、钢筋加工间及成品堆放场。

3 周转料具场：木模板制作及堆放，钢模板堆放及维修，钢脚手管堆放及维修场。

4 钢结构加工系统：包括中小型构件预制场、工具房、钢煤斗、钢屋架、钢栈桥、烟囱钢内筒等加工场。

5 机械动力站：包括机械停放、检修、备品备件等库房及场地。

6 仓库：包括钢材库、建材库、五金电料库、焊材库、工具杂品库、危险品库、劳保库、地磅间等库房及堆放场地。

7 其他：包括施工单位办公室及其他配套设施，冷却水塔、空冷岛等主要建筑结构施工区域内的办公及工具房等，土方中转及弃土堆放场、废弃物堆放场及现场厕所等。

7.2.2 混凝土搅拌系统可依据下列原则设置：

1 一个工程宜采用混凝土集中搅拌方式。搅拌站的产能以混凝土总量及连续高峰月的混凝土浇筑量计算确定，选定的搅拌机台数，应不少于两台。搅拌机宜采用卧轴、强制式。搅拌站应运行可靠，称量系统宜采用微机控制，满足计量要求，以确保组成混凝土的各种原材料、外加剂、掺合料计量正确。

2 零星混凝土、砂浆，可单独设置小型简易搅拌站。

3 一次连续浇筑量较大的混凝土也可采用外供商品混凝土进行补充。

4 Ⅲ、Ⅳ类地区冬季混凝土搅拌宜设置锅炉用于材料加热，有条件的工程可以利用老厂的蒸汽。

5 集中搅拌站应按粗、细骨料的规格分设堆料场。多雨及软土地区的料场宜设混凝土面层,骨料堆放场应有良好的排水系统。骨料的卸料、堆集、上料等工序宜采用机械化作业。

  6 集中搅拌站应优先使用散装水泥。

  7 集中搅拌站应按职业健康与安全、环境保护方面的要求设置除尘装置和污水沉淀池。

  8 搅拌站应设添加外加剂、掺合料的装置。

7.2.3 中小型混凝土构件预制场的作业及堆放场面积应按附录 E 中式（E.0.1）计算。生产工艺选择以构件生产周期短、热耗少、产品质量好为原则。

7.2.4 钢筋加工系统应按工艺流程和高峰加工量进行设计，加工间及作业场面积应按附录 E 中式（E.0.2）计算。钢筋加工系统的设置可遵循下列原则：

  1 钢筋加工系统，应综合考虑原材料堆放区、加工区和成品分类堆放区。

  2 钢筋加工作业分露天、棚库、封闭工作间三种。Ⅱ、Ⅲ、Ⅳ类地区的对焊、点焊工作间应考虑防冻。钢筋冷拉区及预应力钢筋张拉区应有安全设施。

  3 按加工量的大小分别设置相应规模的细钢筋、粗钢筋、预应力钢筋加工线。

  4 钢筋的装卸运输及工序间的搬运,宜采用龙门吊或移动式吊车等机械。

7.2.5 周转料具场应按不同存放要求分别选择建筑类型和标准，其面积应按附录 F 参考选择。周转料具库的设置可遵循下列原则：

  1 按照材料的性质、用量和入库出库的流程设置堆放区域，并考虑装卸运输通道。

  2 木模板制作宜设置在棚库下作业,堆放场应有充足的安全距离和防火措施。

7.2.6 钢结构加工系统的设置可遵循下列原则：

  1 按加工量的大小设置相应规模的加工作业区。

2 加工作业分露天和棚库两种，Ⅱ、Ⅲ、Ⅳ类地区应考虑防冻。

3 钢结构加工区域应综合考虑原材料、半成品和成品分类堆放场地，以及原材料、成品的装卸运输通道。

4 钢结构的装卸运输及工序间的搬运，应采用龙门吊或移动式吊车等机械。

5 加工场地应有排水设施，以免场地积水。

6 钢结构加工用氧气、乙炔等宜集中供应。

7.2.7 土建工程所需各类仓库及堆放场应按不同存放要求分别选择建筑类型和标准，其面积应按附录 E 中表 E.0.1 选择。

7.2.8 土建工程各类生产性施工临时建筑及施工场地参考面积可参见附录 F。

7.3 安装工程生产性施工临时建筑及施工场地

7.3.1 安装工程生产性施工临时建筑和场地宜包括下列项目：

1 汽轮机安装：包括管道加工间、阀门检修间及设备堆放场。

2 锅炉安装：包括锅炉本体组合场、辅机及设备堆放场、保温外装板加工间、烟风道加工场等。

3 电气、热控安装：包括电气加工与检修、电气试验与热工校验等作业间及设备、电缆堆放场。

4 机械动力站：包括机械停放、检修、备品备件等库房和场地。

5 仓库：包括热机设备、电热设备、保温材料、劳保、工具库，钢材库及堆放场，阀门、电动机、加工件库，焊材库、恒温仪表库，危险品库等。

6 其他：包括锅炉房、水泵房、金属试验室、焊接间、热处理间、起重间、办公室、小车库、现场厕所以及废弃物堆放场等。

7.3.2 安装工程各类生产性施工临时建筑及施工场地参考面积可参见附录 G。

7.4 生活性施工临时建筑

7.4.1 生活性施工临时建筑面积的计算按照下列方法进行：
1 按表 4.4.2 核定现场施工人数。
2 按核定的现场施工人数，按附录 H 的计算方法及人均面积参考值核算生活性施工临时建筑面积。

7.4.2 不同机组容量土建和安装生活性施工临时建筑参考面积参见附录 J。

7.5 施工临时建筑总面积

7.5.1 根据电厂布点分散和电力建设施工企业流动的特点，按现阶段的施工组织方式，生产性施工临时建筑面积以能够形成施工需要的生产能力为原则，生活性施工临时建筑面积以与当前施工现场的生活水平相适应为原则。

7.5.2 施工临时建筑总面积为施工现场生产性临时建筑面积与生活性临时建筑面积之和，具体见附录 F、附录 G。

8 施工力能供应

8.1 一般规定

8.1.1 施工组织设计应对施工用水、用电、用气、通信及供热内容作出规划，主要力能供应管线布置应在施工总平面布置中体现。

8.1.2 施工水源、电源、热源和通信源由建设单位提供，气源由施工单位自行解决。

8.2 供 水

8.2.1 施工现场的供水量应满足施工现场和生活区的直接生产用水、施工机械用水、生活用水和消防用水的综合最大需要量。

8.2.2 施工用水的水质应符合下列要求：

1 饮用水应符合 GB 5749《生活饮用水卫生标准》和当地卫生部门的规定。

2 混凝土和砂浆的拌和用水应符合 JGJ 63《混凝土用水标准》的规定。

8.2.3 工程总用水量应按直接生产用水、施工机械用水、生活用水和消防用水分别计算后综合确定。

1 直接生产用水量 Q_1。指混凝土及砂浆的拌合、砖石砌筑、混凝土养护、管道及容器的试验、场地及结构冲洗、物件及设备清洗等用水。

$$Q_1 = K_1 K_4 \Sigma(q_1 n_1) / (8 \times 60 \times 60 t) \quad (8.2.3\text{-}1)$$

式中：Q_1——直接生产用水量，L/s；

K_1——每班直接生产用水不均衡系数，见表 K.0.1；

K_4——未计及的用水量系数，土建工程取 1.1，土建安装综合取 1.2；

q_1——各项工程直接生产用水量，见表 K.0.2；

n_1——用水工程最大年度（或季度、月度）施工工程量，由总进度及总工程量求得；

t——与 n_1 相对应的工作延续天数，按每天一班计。

2 施工机械用水量 Q_2。指锅炉、起重机械、汽车和其他内燃机械等的补给水和冷却水，以及检修、清洗用水。

$$Q_2 = K_2 K_4 \Sigma(n_2 q_2) / (8 \times 60 \times 60) \quad (8.2.3\text{-}2)$$

式中：Q_2——施工机械用水量，L/s；

K_2——每班机械用水不均衡系数，见表 K.0.1；

K_4——未计及的用水量系数，土建工程取 1.1，土建安装综合取 1.2；

n_2——同类机械台数，分类计算，按高峰施工阶段同时作业机械计；

q_2——各类机械台班用水量，可查相关的使用说明书。

3 施工现场生活用水量 Q_3。指施工高峰期间现场施工人员生活用水。

$$Q_3 = n_3 N K_3 / (8 \times 60 \times 60 t) \quad (8.2.3\text{-}3)$$

式中：Q_3——施工现场生活用水量，L/s；

n_3——施工现场高峰昼夜人数；

N——施工现场生活用水定额，20L/（人·班）；

K_3——现场生活用水不均衡系数，见表 K.0.1；

t——每天工作班数。

4 生活区生活用水量 Q_4。指生活区高峰期间的生活用水。

$$Q_4 = 1.1 K_3 n_3 q_3 / (24 \times 60 \times 60) \quad (8.2.3\text{-}4)$$

式中：Q_4——生活区生活用水量，L/s；

1.1——备用系数；

K_3——每天生活用水不均衡系数，见表 K.0.1；

n_3——生活区居民人数，按高峰阶段考虑；

q_3——每人每天生活用水量,见表 K.0.3。

5 消防用水量 Q_5。包括施工区和生活区消防用水。施工区消防用水按工地范围大小及居住人数确定;生活区消防用水根据居住在生活区的居住人数确定,见表 K.0.4。

6 总用水量 Q。分两种情况分别计算。

1) 施工区与生活区统一供水时,总供水量按式(8.2.3-5)计算,但不得小于消防用水量 Q_5。

$$Q=Q_1+Q_2+Q_3+Q_4 \quad (8.2.3\text{-}5)$$

2) 施工区、生活区分区供水时,生活用水量按两区内的居住人数分别计算,各区的总用水量分别计算:施工区总用水量仍按式(8.2.3-6)计算,但不得小于 Q_5 中施工区消防用水量;生活区总用水量按 Q_4 计算值,但不得小于 Q_5 中生活区消防用水量。

施工总用水量不宜超过表 8.2.3 规定的用水量指标。

$$Q=Q_1+Q_2+Q_3 \quad (8.2.3\text{-}6)$$

表 8.2.3 施工用水量指标表

机组台数及容量 (MW)	总用水量 (t/h)
2×300	300~350
2×600	350~450
2×1000	400~550

注:主厂房为钢结构时取较低值。

8.2.4 建设单位提供的水质应符合相应标准,水量应满足表 8.2.3 的要求。在条件允许时,宜尽量考虑永临结合以降低成本。

8.2.5 供水系统的设置应符合下列规定:

1 供水系统应以简化系统、降低成本为原则,统一规划布置。

2 管线可按树枝管网布置,大型工地可采用环状管网。

3 用水点应有足够的流量和出口压力。

4 供水管线上应有适当的分段隔离阀门以便于分区检修或接引。

5 烟囱、冷却水塔及其他高于 50m 的工程项目宜设单独的升压泵供给施工和消防用水。

8.2.6 现场给水管网布置时应满足下列要求：

1 给水管道有埋地和地沟两种敷设方式。埋地金属管道的外壁应采取防腐措施，应埋设在土壤冰冻线以下，否则应采取防冻措施；埋地敷设的给水管道应避免布置在可能受重物压坏处，管道不得穿越生产设备基础，在特殊情况下必须穿越时，应采取有效的保护措施。埋设深度尚应考虑场地平整的影响。

2 不应妨碍现场交通运输、建筑物的施工和建筑物的使用。

3 通过铁路、承重道路的下面时，应敷设在套管内。

4 不应敷设在排水沟内。与其他管道同沟或共架敷设时，应敷设在排水管的上面或蒸汽管的下面。

5 消防水母管内径应依据施工现场临时消防用水量和母管内水流计算速度进行计算确定，且不应小于 100mm；室外消火栓应沿在建工程、临时用房、可燃材料堆场及其加工场均匀布置，距在建工程、临时用房、可燃材料堆场及其加工场的外边线不应小于 5m；消火栓的间距不应大于 120m，消火栓的最大保护半径不应大于 150m。

6 当需计费时，可在引入管设水表或其他计量装置。

8.2.7 施工用水由供水泵供水时，应设置 100%出力的水泵两台，或 50%出力的水泵三台，其中一台备用。

8.2.8 当水源或外网的供水能力小于施工现场的最大用水量时，应设置水池。其容积应根据调节贮水量及消防贮水量的大小来确定；对消防贮水应有确保不作它用和防止水质变坏的措施。寒冷地区的水池应有防冻措施。

8.2.9 生活给水管道不宜与输送易燃、可燃或有害的液体或气体的管道同管廊、管沟敷设。

8.3 供　　电

8.3.1 施工现场的供电量应满足工程施工及生活最大用电量。

8.3.2 建设单位提供的施工电源，其供给方式应依据地区条件及施工现场的情况而定；所提供施工电源的质量符合相应的要求。为现场施工安全，宜采用箱式变电站。供电容量应符合表 8.3.2 的要求。

表 8.3.2　施 工 用 电 指 标

机组台数及容量 （MW）	变压器容量 （kVA）	高峰用电负荷 （kW）
2×300	3500～4000	2800～3200
2×600	5000～7000	4000～5600
2×1000	8000～10 000	6500～8500

8.3.3 施工电源的主要设施应按照工程最终设计规模统一规划、分期或一次建成。厂内供电干线应靠近负荷密集处，避开电厂生产运行场所和主要施工场地。供电干线一般沿围墙或道路布置，并从扩建端引入现场。架空线穿越主要施工场地和起重机械作业区时，应改为地下电缆。

8.3.4 现场电源宜为两路馈线，采取环形分段布置以提高供电可靠性。不能长期停电的重要负荷，如施工期间的冷却水塔和烟囱、生活与消防水泵、冬期施工锅炉的用电设施、现场保安照明等，必要时可设置备用电源或保安电源。

8.3.5 施工供电网络应进行计算，使电压合格、经济合理。施工现场低压电源母线的电压波动值一般需保持在额定电压的±5%范围内，最低电压不能低于额定电压的 10%。当电压波动值不能保持在上述范围时，应采取以下措施以确保用电设施的安全：

　　1　改变变压器的抽头位置。在电压变化不频繁时采用。

　　2　加装电力电容补偿。应装在有人值班的变电所内，或装设自动装置按电压变化自动投切。

3 加装有载调压装置,设专人值班管理。

8.3.6 施工低压电源应采用三相五线制,以380V/220V电压供应动力及照明用电。配电变压器的台数及容量应按负荷分布情况确定。变压器应靠近负荷中心。

8.3.7 设计施工电源应贯彻节约能源的原则,可结合具体情况采取下列措施:

1 降低变压器空载损耗和合理减少输电损失。

2 采用高效省电的用电设备。

3 合理安排用电负荷高峰作业时间。

4 改善功率因数,使之符合当地电业部门的要求;必要时可加装电力电容器。

8.3.8 施工用电容量按工程用电高峰阶段计算。可先按土建安装施工搭接阶段计算,再按多台机组连续安装高峰阶段等用电量较大的施工阶段进行校核。计算施工用电容量应包括下列项目:

1 土建、安装工程的动力及照明负荷。

2 焊接及热处理负荷。

3 生活区照明及动力负荷。

计算全厂综合负荷应考虑各供电区各类负荷昼夜高峰的时间差异,按同时出现的最大负荷叠加计算。总负荷一般不得超过表8.3.2的用电指标数。

8.3.9 各供电区用电容量按式(8.3.9)计算:

$$S = 1.05[\Sigma(kP/\cos\varphi) + 0.8\Sigma P_1 + \Sigma P_2] \quad (8.3.9)$$

式中:S——本区总用电容量,kV·A;

k——该类负荷的综合用电系数,包括设备效率、负荷率、同时率等因素,见表K.0.5;

P——各种类型负荷的合计数,见表K.0.6;

$\cos\varphi$——该类负荷的平均功率因数,见表K.0.5;

ΣP_1——室内照明负荷的合计数,见表K.0.7;

ΣP_2——室外照明负荷的合计数,见表 K.0.8。

8.3.10 布置户外式的变压器应满足下列要求:

1 容量在 400kV·A 及以下时可采用杆上安装,杆上变压器的底面距地面的高度不应小于 2.5m;容量在 400kV·A 以上时应在地面装设,安装平台应高出地面 0.5m,四周应加设高度不小于 1.7m 的围栏。

2 变压器中性点应可靠接地。

3 变压器馈电可就近装设防雨的密闭配电柜;当馈电回路超过 10 回、馈电容量很大、或因安装仪表控制设备需要时,可修建电气小间,安装户内式动力盘和控制盘。

8.3.11 对特殊电压等级的用电设备,可用移动式变换设备供电;需连续供电的起重设备、热处理设备等用电设备,可设置单独的供电系统。

8.3.12 施工用电气设备的型式应按其使用环境选择,分别采用普通型或有防雨、防尘等特殊防护性能的设备。高海拔地区应选用加强绝缘型设备,湿热地区应选用抗湿热型设备。

8.3.13 导线截面按计算负荷电流选择,并按远端最大允许电压降值校核。

8.3.14 施工电源主干线路径应在施工总平面布置中确定,宜采用架空或埋地方法。

8.3.15 施工电源设备应装设避雷设施。变压器、动力盘、箱式变电站的外壳、操作盘及户外轨道式起重机的轨道应可靠接地。

8.3.16 施工变电所的所址及建筑物、架空及电缆埋地敷设均应符合 GB 50194《建设工程施工现场供用电安全规范》的规定。

8.4 氧气、乙炔、氩气和压缩空气

8.4.1 确定施工现场氧气需要量。

1 现场氧气总需要量可按下列因素参考同类型施工现场使用量确定:

1) 工程规模和工程量。
2) 工期和工程施工的阶段安排。
3) 施工工厂化程度和现场加工量。

2 在用氧高峰期间氧气需要量可按式（8.4.1）计算：

$$Y = \Sigma(K_1 K_2 G Y_1 / 25t) \quad (8.4.1)$$

式中：Y——昼夜平均氧气需要量，m^3/d；

K_1——施工不均衡系数，取 1.0～1.5；

K_2——管道漏泄系数，取 1.05～1.10；

G——各类热机设备加工安装及土建金属结构加工安装总质量，t；

Y_1——单位金属耗氧量，m^3/t；计算时热机设备加工安装取 6～10，土建金属结构加工安装取 3～5，大型机组取小值；

t——各类工程作业工期，月。

3 不同时施工的工程项目用氧量不叠加。小时平均氧气需要量按昼夜平均氧气需要量除以昼夜作业小时数计算。

8.4.2 氧气供应方式应根据工程规模和现场特点，经过技术经济比较后确定。在用量大的主厂房和组合场区、铆焊场区可集中或就近设氧气汇流供气站；分散作业的场所应选用瓶装气分散供应。

8.4.3 氧气汇流供气站与其他构筑物距离应满足附录 C 的要求。其位置选择应符合以下原则：

1 靠近用气集中处，输送方便。

2 能与临近的施工场所隔开。

3 不影响扩建机组施工。

8.4.4 氧气汇流供气站的建筑物应按乙类三级耐火等级设计；站内严禁明火。

8.4.5 当现场采用管道供氧气时，管道系统应力求简单，宜采用树枝状形式；管道应有明显的标识、有防冻、防静电的接地装置等技术措施。一般采用 1.6MPa 以下的低压管道系统。对直埋的管道其管顶距地面不得小于 0.7m，且应敷设在土壤的冰冻线下 0.2m 深处。

8.4.6 施工用乙炔优先采用乙炔气瓶供应的方式。对主厂房、组合场及铆焊场区及土建工程大型金属结构加工场可集中或就近设乙炔汇流供气站；分散作业的场所应选用瓶装气分散供应。作业高度在 60m 以上时宜采用 0.15MPa 以上压力输送；一般采用 0.07MPa～0.15MPa 压力输送。

8.4.7 乙炔汇流供气站的建筑物应按甲类二级耐火等级设计；门窗应向外开启，站内严禁有明火，照明装置应符合防爆要求。与其他构筑物的距离应满足附录 C 的要求。其位置选择应考虑以下原则：

1 靠近负荷中心，能与周围作业地区隔离，能满足防火防爆要求。

2 自然通风良好，道路通畅、运输方便。

3 不影响扩建工程施工。

8.4.8 施工现场乙炔需要量可按式（8.4.8）计算：

$$C = 0.3Y \tag{8.4.8}$$

式中：C——乙炔需要量，m^3/h；

Y——氧气需要量，m^3/h。

8.4.9 集中供乙炔管道一般为树枝状单管系统，管道应有明显标识和防冻防火措施。乙炔管内径按输送量及管道单位长压降值选择。

8.4.10 施工现场的氩气一般采用瓶装分散供应的方式。施工现场氩气的使用量、供应来源和供应方式应在施工组织设计中作出安排；供应能力应满足施工现场的最大需要量。

8.4.11 焊接用氩气的需要量一般按照氩弧焊焊接工艺的打底焊口和全氩焊口数分别乘以单耗值进行计算。也可按式（8.4.11-1）计算：

$$A = (A_1 + A_2 + A_3)K_1 \tag{8.4.11-1}$$

$$A_1 = K_2[\Sigma(n_1q_1) + \Sigma(n_2q_2)]/6000 \qquad (8.4.11\text{-}2)$$

式中：A——综合用气量，瓶（$6m^3$）；

A_1——锅炉及汽机受压管口焊接用气量，瓶；

A_2——汽机冷凝器管板氩弧焊接用气，瓶，参见表 L.0.1；

A_3——电气铝母线氩弧焊接用气，瓶，参见表 L.0.2；

n_1——全氩焊接的焊口数，个；

q_1——全氩焊接的单口用气，1/口，参见表 L.0.3；

n_2——氩弧焊打底焊的焊口数，个；

q_2——氩弧焊打底焊的单口用气，1/口，参见表 L.0.3；

K_1——备用系数，取 1.4～1.5，包括漏泄和未预见的用量；

K_2——机组类型加权综合用气系数，包括合金焊口的根部充氩用气量系数等，参见表 L.0.4。

8.4.12 氧气、乙炔、氩气等施工用气可参见附录 L 中表 L.0.5 和表 L.0.6。

8.4.13 压缩空气的用量根据同时使用的用气设备的额定耗气量相加确定，用气设备的额定耗气量参考用气设备说明书。

8.5 通　　信

8.5.1 施工区、生活区配备电话、传真、对讲机等通讯设备，用于施工协调、传达施工指令。

8.5.2 施工区、办公区应敷设网络光缆，满足基建期信息管理要求，用于建设单位和各参建单位的信息传递。

8.6 供　　热

8.6.1 Ⅱ、Ⅲ、Ⅳ类地区工程冬期施工供热范围一般如下：

　　1　土建工程冬期施工：混凝土及砂浆组成料的加热，现浇及预制混凝土构件的蒸汽养护，某些特殊部位少量冻土的蒸汽解冻以及其他作业。

　　2　安装工程冬期作业：锅炉水压试验、保温防腐作业等。

3 生产性施工临时建筑取暖：保暖的设备材料仓库、试验室以及Ⅱ类、Ⅲ类、Ⅳ类地区的车库等。

4 生活性用热：办公室及职工宿舍采暖、食堂及浴室的用热。

5 安装施工阶段主厂房内采暖。

6 冬季机组试运用热。

8.6.2 施工组织设计可根据建设单位提供的下列供热热源进行规划：

1 现有电厂的锅炉蒸汽或当地热力管网。

2 利用新装电厂的启动锅炉。

3 设立临时性的蒸汽锅炉、热水锅炉或其他采暖设备。

8.6.3 电厂的启动锅炉应提前建成，以供应冬期施工用热，降低成本。选定施工临时锅炉容量时，可与电厂启动锅炉容量平衡，减少临时锅炉容量。

8.6.4 冬期施工用锅炉的燃料供应及运行管理方式，应在施工组织设计中作出规划；供热系统的管道布置应在施工组织设计的总平面图中予以确定。

8.6.5 施工组织设计中应考虑冬期供热节能措施。

8.6.6 冬期施工土建工程应根据现场实际情况，按照JGJ 104《建筑工程冬期施工规程》采取相应的技术措施；进行安装作业时，应采取将主厂房封闭等方法以降低能耗、节省成本。

8.6.7 冬季施工生活及生产供热总量可参见表 M.0.1，冬期施工单耗热量指标可参见表 M.0.2。

9 主要施工方案及特殊施工措施

9.1 一般规定

9.1.1 施工组织设计中的主要施工方案是原则性施工方案，对整体工程有规划和指导性作用，直接影响到工程施工的安全、质量、工期和效率，同时也体现施工企业的技术能力和技术水平。

9.1.2 施工组织设计中的主要施工方案应结合工程特点和设备特点，选择技术难度大、安全质量要求高、对整个工程起关键作用的主要施工项目进行编制。

9.1.3 施工方案的选择应发挥施工单位的技术能力和施工经验，利用成熟的工法和技术专利，结合工程总体施工进度、设备交付时间及现场条件等情况，综合考虑确定。

9.1.4 施工机械的选择与配置应充分考虑自有机械的使用和社会资源的利用，以经济适用、满足施工需求为原则，合理配置施工机械，提高机械利用率。

9.1.5 施工方案的编制应结合工程的特点、难点以及气候、地质、环境等因素，对特殊施工项目进行分析、研究，制定有针对性的技术措施。

9.1.6 超过一定规模的危险性较大的分部分项工程应按相关规定组织专家对专项方案进行论证。

9.1.7 施工组织设计中本章的内容宜包括各专业主要施工方案、特殊施工措施、施工机械的配置与布置方案、新技术应用、作业指导书编审计划。

9.2 主要施工方案

9.2.1 主要施工方案可按下列原则编制：
1 遵守国家的有关法律、法规、标准和技术经济政策。
2 体现科学性、先进性、合理性和针对性，体现节能、环保。
3 安全可靠、易于操作、方便施工。
4 应用新技术。
5 在满足安全、质量和进度的前提下降低工程成本。
6 在经济合理的基础上尽可能采用工厂化施工。

9.2.2 主要施工方案的编制依据如下：
1 工程施工合同及招、投标文件和已签订的工程技术协议。
2 制造厂及设计院图纸和有关技术资料。
3 主要设备、材料、机械的技术文件和性能资料。
4 工程综合进度。
5 主要设备、材料、施工图交付计划。
6 重件、大件设备的运输方式、交付地点。
7 相关的技术工艺标准。
8 施工环境及气象、水文、地质资料。
9 类似工程的施工方案及工程技术总结。

9.2.3 主要施工方案的编制内容可包括：
1 概况及特点介绍。
2 施工机械的选用及场地布置。
3 主要施工方法及工艺流程。
4 重要设备吊装的力学计算。

9.2.4 施工组织设计中的主要施工方案可根据项目的特点，突出重点、难点，根据工程实际情况进行取舍或补充。

9.2.5 施工组织设计方案的选择应从工程实际出发，分析研究技术、经济、社会效果，重要的项目或环节可制定两个或两个以上方案，进行条件、技术、经济比较和论证，从中提出推荐方案，供施工组织设计审批时选定。

9.2.6 土建专业主要施工方案可包括：
1. 平面、高程测量控制网。
2. 地基处理。
3. 主厂房开挖及基础施工。
4. 汽轮机基座施工。
5. 主厂房上部结构施工。
6. 烟囱、冷却塔施工。
7. 深基坑施工。
8. 循环水取水头部及进、出水管沟施工。
9. 大跨度干煤棚施工。
10. 翻车机室及卸煤沟施工。
11. 圆形煤仓及钢顶棚施工。
12. 空冷岛上部结构施工。
13. 主厂房钢屋架制作、安装。
14. 钢煤斗制作、安装。

9.2.7 安装专业主要施工方案可包括：
1. 锅炉钢架吊装。
2. 锅炉受热面安装。
3. 锅炉水压试验。
4. 机炉主要辅机安装。
5. 除尘器安装。
6. 焊接与检验。
7. 保温、油漆施工。
8. 汽轮机本体安装。
9. 汽轮机油系统冲洗。
10. 凝汽器组装就位。
11. 除氧器及加热器安装。
12. 发电机定子吊装、穿转子。

13　四大管道及循环水管安装。
14　主变压器就位、检查。
15　电缆施工。
16　封闭式组合电器（GIS）安装。
17　直接、间接空冷换热系统设备安装。
18　脱硫吸收塔安装。
19　脱硝装置安装。
20　海水淡化装置安装。

9.2.8　中、低压管道宜采用工厂化加工装配。采用工厂化加工装配时，应编制专项施工方案，施工方案应包含以下内容：

1　除管沟、直埋管以外的 Dn100 以上中低压管道，宜在组合场内加工配管。

2　设计院的图纸设计深度应满足加工配管需求，其疏放水、放空等开孔及接管座位置应设计合理、便于安装。

3　加工配制单位应进行二次设计，对管道位置、走向、阀门布置等进行优化设计，配置的管道便于运输、安装。

4　现场配制时应考虑足够的作业场地和加工、运输机械的配置。

9.3　特殊施工措施

9.3.1　特殊施工措施是为特殊施工项目所制定的技术措施，应报建设、监理单位审批后实施。

9.3.2　特殊施工项目的内容包括：

1　常规施工方法或机械不能满足，需采用特殊方法或特殊机械设施的施工项目。

2　施工中发生设计未预见的技术问题需采取特殊措施的项目。

3　在特殊施工环境中，需采取特殊技术、安全、环境措施的施工项目。

4 需采取特殊措施来缩短施工工期的施工项目。

9.4 机械装备及机械化施工

9.4.1 施工机械可按下列原则选择与布置：

1 土石方机械、混凝土机械可根据工程量、工程进度要求和各种机械的台班产量来选择配备。

2 主厂房和锅炉安装区域主吊机械的选择应根据工程进度要求、设备构件最大单件重量、设备组合吊装方式及重量、吊车需要覆盖的吊装范围、吊车的提升高度及场地条件等因素，综合考虑、合理配置，确定合理的进出场时间。

3 锅炉主吊机械宜选用附壁式塔式起重机或带塔式工况的大型履带式起重机，行走式有轨塔式起重机械可根据现场场地条件选择配置。

4 大型起重机械的布置，应结合吊装设备的运输通道、卸车、地下设施的施工、周边建筑物或设备布置等因素，布置后的机械应满足吊装周期的需要，避免重复拆装。

5 大型固定式起重机械的基础承载能力应满足起重机械的设计要求。附壁式起重机应有可靠的附着点，附着支撑结构、强度应满足支撑的要求。有轨起重机械的轨道基础应经核算，有足够的承载能力。大型移动式起重机械移动经过的道路和吊装区域的地面应进行承载能力的处理。

6 吊车的覆盖范围应满足吊装需求。同一区域布置两台及以上固定式吊车时，应防止发生碰撞，并避免出现吊装盲区。

7 固定式和移动式机械的配置，应满足施工区域的需求及全场的综合利用，力求综合配套，减少机械浪费。

8 优先选用先进高效的施工机械，优先用轻便的专业机具代替大型机械。

9.4.2 施工机械的配备应综合利用企业自有资源和社会资源。对迁移距离较远、非常用机械和施工高峰不能满足时，可以利用社会资源。2×300MW 工程、2×600MW 工程和 2×1000MW 工程的主要施工机械配备数量参见附录 N。

9.4.3 施工现场机械化施工的组织方式应符合提高经济效益、合理机械配置、统一协调配合、安全使用管理等要求，需注意下列几点：

1 组织专业化机械施工队伍，建立现场施工机械平衡调度、统一管理的机制。

2 根据工程进度计划，制订施工机械进出场计划、租赁计划、维修计划，使机械装备保持完好状态，满足工程需要。

3 起重机械等特种设备按法规有关要求进行安拆和使用，做好安全技术管理、检验工作。

4 编制工程施工进度时，留有施工机械安装拆卸、维修、定期检验等作业工期。

5 采取有效措施，提高机械的完好率、利用率，降低使用成本。

9.5 新技术应用

9.5.1 新技术指国家、行业推广应用的"新技术、新工艺、新流程、新装备、新材料"，工程建设中在制定方案、措施时需积极应用新技术，促进工程质量、工艺的提高，缩短施工工期、降低施工成本。

9.5.2 新技术的应用应符合下列规定：

1 项目管理组织中应建立新技术的应用推广机制，从组织上推行、落实和应用。

2 对工程中使用的新技术应进行策划，制定相应的实施计划和措施。引进或吸收新技术在项目中使用时，其关键工序、施工方法、技术要求等应作为重点控制环节。

3 对首次使用的新技术，应用单位应编制专项技术方案，经审批后实施，必要时应组织专家论证。

4 对新技术应用项目，应用单位应编制相应技术措施，经审批后实施。

5 编制施工组织设计时应列出将在工程项目中拟采用的新技术项目。

10 质 量 管 理

10.1 一 般 规 定

10.1.1 质量管理应通过建立质量管理体系，采取有效管理措施，使用科技手段，使施工项目的工程质量满足合同及相关国家、行业标准的要求。

10.1.2 施工单位应按 GB/T 19001《质量管理体系 要求》、GB/T 50430《工程建设施工企业质量管理规范》以及 DL/T 1144《火电工程项目质量管理规程》建立工程项目的质量管理体系，并有效实施。

10.1.3 质量管理体系应与所承建工程项目的规模和性质相适应、覆盖所有的施工范围、与施工企业已有管理体系保持一致。

10.1.4 施工组织设计应明确工程质量目标、质量管理网络、质量管理职责以及为确保质量管理有效实施所应采取的措施。

10.1.5 质量管理应确定质量目标，落实流程管理，加强过程控制，实现 PDCA 循环管控，持续改进。

10.1.6 施工组织设计中本章的内容宜包括质量目标及质量目标分解、质量管理组织机构及职责、质量管理及质量保证措施。

10.2 质 量 目 标

10.2.1 施工组织设计制定的质量目标不应低于合同要求，并结合项目特点突出项目特色。

10.2.2 施工组织设计应按 DL 5277《火电工程达标投产验收规程》将质量目标量化和分解到各专业，制定建筑、安装的阶段性目标。

10.3 质量管理组织机构及职责

10.3.1 质量管理组织机构的设置应满足下列要求：

1 施工组织设计应描述施工项目质量管理组织机构，建立质量管理网络，明确相关人员的职责和权限，规定内外部沟通的渠道和方法。

2 质量管理组织机构的设置应与施工项目的规模和性质、建设单位和相关单位的要求相适应，与施工单位及其现场的组织机构相协调。

3 施工单位质量管理网络应涵盖专业技术监督、施工技术质量控制、材料及产品的检测检验、施工过程质量控制及施工项目的检查验收等与项目质量活动相关的部门及人员。

10.3.2 质量管理职责应包含以下内容：

1 对影响工程质量的全过程、活动和设施负有管理、执行和验证职责的部门及人员，施工组织设计应规定其职责和权限。

2 质量管理各岗位人员应具备相应的资格和经验。

10.4 质量管理、质量保证措施

10.4.1 施工组织设计应对工程的质量管理进行策划，编制质量管理文件，这些文件包括：

1 工程适用的法律、法规、标准清单。

2 工程建设标准强制性条文实施细则。

3 质量责任制、质量过程检查、质量验收、隐蔽工程验收、质量考核及奖惩制度。

4 工程质量预防和纠偏措施。

5 专业技术监督措施。

6 质量文件控制措施。

10.4.2 施工组织设计应编制技术保证措施，这些措施包括：

1 设计图纸交底及会检。

 2 设计变更管理措施。
 3 施工方案的编制、审查、技术交底。
 4 工程质量的检测。
 5 分部试运管理措施。

10.4.3 施工组织设计应编制质量控制措施，这些措施包含：
 1 原材料、构配件、机具的要求和检验管理措施。
 2 主要的施工工艺、主要的质量标准和检验管理措施。
 3 季节性施工技术措施。
 4 关键部位、特殊过程、重点工序的质量控制措施。
 5 成品、半成品保护措施。
 6 质量通病防治措施。
 7 "工程实体样板"管理措施。

10.5 工程创优措施

10.5.1 合同有工程创优要求时，施工组织设计包含的质量目标、组织机构、质量措施应体现工程创优内容。

10.5.2 工程创优措施应符合优质工程评选办法及建设单位编制的工程创优规划。

10.5.3 施工组织设计应明确工程创优亮点策划、工程创优控制要点及工程创优专项措施。

11 职业健康与安全管理

11.1 一 般 规 定

11.1.1 职业健康与安全管理应贯彻"安全第一、预防为主、综合治理"的国家安全生产方针，遵守法律、法规、标准和其他要求，保障电力建设工程的安全和从业人员的安全与健康，保障国家和投资者的财产免遭损失。

11.1.2 施工单位应按 GB/T 28001《职业健康安全管理体系 要求》、GB/T 28002《职业健康安全管理体系 实施指南》以及 GB 50656《施工企业安全生产管理规范》的要求，建立工程项目的职业健康与安全管理体系并组织有效实施。

11.1.3 施工单位应按《中华人民共和国职业病防治法》的要求，预防、控制和消除职业病危害，防治职业病，保护从业人员健康及其相关权益。

11.1.4 职业健康与安全管理应纳入施工企业的管理体系，与所承建工程项目的规模和性质相适应，并覆盖所承担的施工范围。

11.1.5 工程项目应确定职业健康与安全目标，按照管生产必须管安全的原则，完善职业安全卫生条件，规范从业人员安全行为，预防和控制安全事故的发生。

11.1.6 施工组织设计中本章的内容宜包括职业健康与安全目标、职业健康与安全管理组织机构及职责、职业健康与安全管理措施。

11.2 职业健康与安全目标

11.2.1 施工组织设计应根据工程建设单位的安全生产总体要求，结合企业的职业健康与安全目标制定项目职业健康与安全目标。

11.2.2 职业健康安全目标应包括对各类事件的控制指标、事故隐患治理、职业病防治相关内容，并且目标应予以量化。

11.2.3 施工组织设计应按 GB 50656《施工企业安全生产管理规范》的要求，将职业健康与安全管理目标分解到各管理层及相关职能部门。

11.2.4 施工组织设计中应制定实现职业健康与安全目标管理方案的清单，并规定对方案进行定期评审、监督、检查，实行动态管理。

11.3 职业健康与安全管理组织机构及职责

11.3.1 职业健康与安全管理组织机构的设置应满足下列要求：

1 施工组织设计应设置施工项目职业健康与安全管理组织机构，建立职业健康与安全管理网络，明确相关人员在策划、实施、运行和检查活动中的职责和权限，规定内外部沟通的方式和方法。

2 职业健康与安全管理组织机构的设置应与施工项目的规模和性质、建设和监理单位的要求相适应；与施工单位及其现场的组织机构相协调。

3 职业健康与安全管理网络应涵盖技术、施工、材料、设备、消防、及项目职业健康与安全管理活动相关的部门及人员。

11.3.2 职业健康与安全管理的职责应包含以下内容：

1 对影响职业健康与安全的所有过程、活动和设施负有管理、执行和验证职责的部门及人员，施工组织设计应规定其职责和权限。

2 职业健康与安全有关的各岗位人员应具备相应的资格和经验。

11.4 职业健康与安全管理措施

11.4.1 施工组织设计应对工程项目的职业健康与安全管理进行

策划，编制职业健康与安全管理体系文件，这些文件包括：

1 职业健康与安全管理目标方案。

2 职业健康与安全管理制度。

3 重大安全风险控制计划，并制订相应的应急预案。

4 安全技术措施、安全防护、劳动保护、职业病预防及文明施工措施费用计划。

5 按《电力工程建设项目安全生产标准化规范及达标评级标准》（电监安全〔2012〕39号）建立项目《重要临时设施、重要施工工序、特殊作业、危险作业项目》清单。

6 按《中华人民共和国特种设备安全法》要求制订特种设备安全管理措施。

11.4.2 施工组织设计应编制职业健康与安全管理技术措施，这些措施包含：

1 开展危险源的辨识和风险评价。

2 执行工程建设标准强制性条文实施细则。

3 编制施工专项安全技术措施。

4 编制应急预案及现场处置方案。

11.4.3 施工组织设计应编制职业健康与安全管理措施，这些措施包含：

1 建立工程适用的法律、法规、标准和其他要求清单。

2 落实职业健康与安全管理制度。

3 按计划对职业健康与安全管理制度进行内部审核及评审。

11.4.4 施工组织设计应编制职业健康与安全管理的经济措施，这些措施包含：

1 落实安全技术措施计划、文明施工措施和其他特殊措施费用计划，专款专用。

2 建立健全职业健康与安全风险责任制度，落实考核奖惩。

12 环境管理

12.1 一般规定

12.1.1 环境管理应贯彻国家环保方针，采取环境保护措施，使环境管理满足法律、法规、标准及合同的要求。

12.1.2 施工单位应按 GB/T 24001《环境管理体系要求及使用指南》管理体系要求，建立工程项目的环境管理体系并有效实施。

12.1.3 环境管理体系应与所承建工程项目的规模和性质相适应、覆盖所有的施工范围、并与施工企业已有管理体系保持一致。

12.1.4 施工组织设计应制定工程环境管理目标，加强过程控制，通过持续改进保证工程管理目标实现。

12.1.5 施工组织设计应明确环境管理网络的设置、管理职责，以及为确保环境管理有效实施所应采取的措施，对现场环境管理活动进行规范。

12.1.6 施工组织设计中应根据有关法律、法规、标准及管理程序的要求，进行环境因素识别。

12.1.7 施工组织设计中本章的内容应包括环境管理目标、环境管理组织机构及职责、环境管理措施。

12.2 环境管理目标

12.2.1 施工组织设计应根据国家法律、法规和施工合同制定工程环境管理目标。

12.2.2 环境管理目标应与施工项目的规模和性质相适应，对持续改进和遵守相应法律、法规、标准作出承诺。

12.2.3 施工组织设计应将环境管理目标量化，分解到各部门，并建立阶段性管理目标。

12.3 环境管理组织机构及职责

12.3.1 环境管理组织机构的设置应满足下列要求：

1 施工组织设计应明确施工项目环境管理组织机构、建立环境管理网络、明确相关人员的职责和权限，规定内外部沟通的渠道和方法。

2 环境管理组织机构的设置应与施工项目的规模和性质、建设单位和相关方的要求相适应，与施工单位及其现场的组织机构相协调。

3 施工单位环境管理网络应覆盖所有部门和所有专业。

12.3.2 环境管理职责应包含以下内容：

1 施工组织设计应对影响工程环境管理的所有过程、活动和设施负有管理、执行和验证职责的部门及人员，规定其职责和权限。

2 环境管理有关的各岗位人员应具备相应的资格和经验。

12.4 环境管理措施

12.4.1 施工组织设计应对工程的环境管理进行策划，编制环境管理文件，这些文件包括：

1 工程适用的法律、法规、标准清单。
2 工程建设环境管理制度。
3 工程建设环境管理措施。

12.4.2 施工组织设计应描述工程环境管理控制措施，这些措施包含：

1 废弃物管理措施。
2 防尘、防毒管理措施。
3 防辐射及噪声管理措施。
4 化学危险品管理措施。

5 水污染管理措施。
6 光污染管理措施。
7 防止"二次污染"的措施。
8 环境保护应急预案。

12.5 绿色施工管理

12.5.1 工程项目应按《绿色施工导则》（建质〔2007〕223）实施绿色施工管理。

12.5.2 在规划、设计阶段进行总体方案优化，最大限度节约资源、减少污染，为绿色施工提供基础条件。

12.5.3 施工组织设计应明确绿色施工目标、建立绿色施工管理网络。

12.5.4 绿色施工管理的内容包含环境保护、节材与材料资源利用、节水与水资源利用、节能与能源利用、节地与施工用地保护，涵盖绿色施工的基本指标，并包含施工策划、材料采购、现场施工、工程验收等各阶段的指标。

12.5.5 绿色施工管理应编制下列措施：

1 环境保护措施，制定环境管理计划及应急救援预案，采取有效措施，降低环境负荷，保护地下设施和文物等资源。

2 节材措施，在保证工程安全与质量的前提下，制定节材措施。如进行施工方案的节材优化，建筑垃圾减量化，尽量利用可循环材料等。

3 节水措施，根据工程所在地的水资源状况，制定节水措施。

4 节能措施，进行施工节能策划，确定目标，制定节能措施。

5 节地与施工用地保护措施，制定临时用地指标、施工总平面布置规划及临时用地节地措施等。

12.5.6 绿色施工应对整个施工过程实施动态管理，加强对施工策划、施工准备、材料采购、现场施工、工程验收等各阶段的管理和监督。

12.5.7 参建单位应结合工程项目的特点对绿色施工进行宣传,营造绿色施工氛围。

13 物 资 管 理

13.1 一 般 规 定

13.1.1 物资管理应符合国家、行业标准规定，根据工程施工需要，科学组织物资供应，控制过程风险，降低管理成本。

13.1.2 设备维护保管应符合 DL/T 855《电力基本建设火电设备维护保管规程》。

13.1.3 施工单位应根据工程施工合同的要求，建立管理制度并组织有效实施。

13.1.4 施工组织设计中本章的内容宜包括物资管理组织机构及职责、物资管理范围、物资管理措施。

13.2 物资管理组织机构及职责

13.2.1 物资管理组织机构的设置应满足下列要求：

1 施工组织设计应明确施工项目物资管理组织机构、建立物资管理网络、明确相关人员的职责和权限，规定内外部沟通的渠道和方法。

2 物资管理组织机构的设置应与施工项目的规模和性质、建设单位和相关单位的要求相适应，与施工单位及其现场的组织机构相协调。

3 物资管理网络应涵盖供方管理、计划管理、采购管理、监造管理、运输管理、验收管理、仓储管理、发放管理、剩余物资管理、备品备件、专用工具、物资文档管理。

13.2.2 物资管理职责应包含以下内容：

1 施工组织设计应对物资管理所有过程、活动和设施负有管理、执行和验证职责的部门及人员,规定其职责和权限。

2 物资管理有关的各岗位人员应具备相应的工作经验。

13.3 物资管理措施

施工组织设计应对工程物资管理进行策划,建立下列物资管理措施:

1 物资管理适用的法律、法规、标准清单。

2 物资供方管理。明确供方引进、使用、评价、复查、淘汰的制度,对永久性工程物资及施工安全、职业健康及环境保护类物资进行重点控制。

3 物资计划管理。明确编制、审批流程、时间要求。

4 物资采购管理。明确采购原则、采购权限、采购方式、审批流程、合同要求。

5 物资运输管理。明确卸车范围,大件物资运输方案、安全措施、审批流程。

6 物资验收管理。明确检验内容、检验标准、验收相关方及缺损件管理、不合格品处置。

7 物资保管管理。明确分类保管要求、产品标识及检验状态标识管理。

8 物资发放管理。明确发放流程、发放原则及追溯性管理要求。

9 物资文档管理。明确资料收集、移交范围及管理要求。

14 现场教育培训

14.1 一般规定

14.1.1 施工组织设计应根据工程实际及各专业需求,制定现场教育培训计划。

14.1.2 现场教育培训应依据类型、对象、内容等分阶段、分层次组织实施,并贯穿于工程施工全过程,与工程施工进展相适应。

14.1.3 施工组织设计中本章的内容宜包括培训目的、培训计划、培训措施及考核办法。

14.2 教育培训主要内容

14.2.1 工程管理专题培训,内容主要包括:
    1 工程招投标文件、施工合同、施工组织设计。
    2 工程项目管理制度。
    3 工程建设目标。
    4 工程项目适用的法律、法规、标准及工程适用的强制性条文。

14.2.2 施工技术专题培训,内容主要包括:
    1 工程达标创优规划及通病治理专项措施。
    2 重要的专业施工工艺。
    3 新技术应用。
    4 工程适用的计算机软件应用。
    5 各专业达标创优措施。

14.2.3 安全教育培训,内容主要包括:
    1 安全生产法律、法规、标准和规章制度。

2 安全操作规程。
3 针对性的安全防范措施。
4 违章指挥、违章作业、违反劳动纪律产生的后果。
5 预防、减少安全风险以及紧急情况下应急救援的基本措施。
6 绿色施工措施。

15 工程信息化管理

15.1 一 般 规 定

15.1.1 工程信息化管理应按建设单位的规划，结合参建单位的需求，实现信息管理和资源共享。

15.1.2 工程信息化管理应覆盖工程管理和施工专业技术管理。

15.1.3 施工组织设计中本章的内容宜包括信息化管理策划、计算机网络建设、信息技术应用、信息安全和维护的内容。

15.2 信息化管理策划

15.2.1 信息化管理策划应在建设单位的信息化管理框架下，实现项目信息技术与管理技术、生产技术相结合，进行信息集成、过程优化、资源配置，提高火力发电工程项目管理效率。

15.2.2 信息化管理策划应包含下列内容：
1 信息化组织和管理。
2 信息化资金投入。
3 信息化应用系统。
4 信息化资源管理。
5 信息化基础设施。
6 信息化安全管理。

15.3 计算机网络建设

15.3.1 计算机网络分局域网和区域网。局域网指工程项目各参建单位内部的计算机网络；区域网指由建设单位为主导、与各参建单位局域网互联的网络。

15.3.2 区域网由建设单位负责规划和建设。

15.3.3 计算机网络建设应满足下列要求：

 1 应配备数量足够、性能满足要求的网络设备。

 2 主要管理岗位应配备计算机。

 3 局域网与区域网可直接连接的情况下，接口处应配置防火墙。

 4 因特网接入带宽应满足信息化系统正常应用。

 5 在施工总平面布置时，应同时设计计算机网络所需的光纤或其他传输介质的线路。

15.4 信息技术的应用

15.4.1 工程管理信息系统覆盖的范围宜包括：

 1 协同办公系统。

 2 劳动力资源管理。

 3 财务系统。

 4 物资管理。

 5 合同事务管理。

 6 施工机械管理。

 7 进度管理。

 8 质量管理。

 9 安全管理。

 10 文件资料管理。

 11 焊接及相关专业技术管理。

15.4.2 施工管理信息系统宜包含下列功能：

 1 辅助编制各项主要管理工作计划。

 2 采集、录入必要的管理信息。

 3 检验、归类、汇总、分析录入的管理信息。

 4 生成各种必要的签证、报表、图表。

 5 打印各种必要的签证、报表、图表。

  6　查询管理信息，提供决策依据。

15.4.3　开展有针对性的项目管理人员、技术人员和一线施工人员的信息化应用培训，提高信息化的认识和应用水平。

15.4.4　制定具体、合理、可行的项目信息化应用效果考核指标。

15.4.5　利用先进的信息技术，进行施工总平面和进度等管理。

15.5　信息的安全和维护

15.5.1　参建单位应设置信息化安全组织机构，加强信息安全组织管理。

15.5.2　开展信息安全教育，提高全员信息安全意识和知识产权的保护。

15.5.3　建立健全信息安全、信息运行与维护制度，做好计算机及网络系统的防病毒措施和数据备份工作。

15.5.4　编制和完善信息化安全预案，并按计划开展信息安全预案演练，形成演练记录和总结。

15.5.5　参建单位应对信息安全和信息维护工作定期检查，对效果进行评价，促使信息化管理工作持续改进。

附录 A 现场管理组织机构设置图

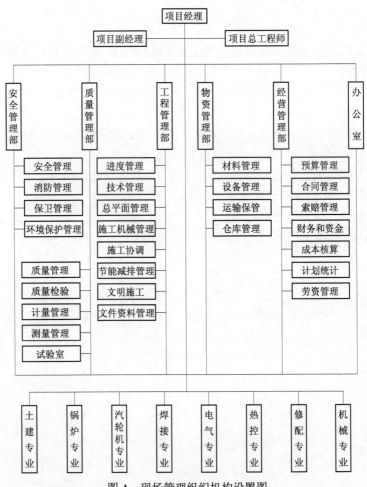

图 A 现场管理组织机构设置图

附录 C 施工现场主要临时用房、临时设施的防火间距

表 C 施工现场主要临时用房、临时设施的防火间距（m）

序号	名称	办公用房、宿舍	发电机房、变配电房	可燃材料库房	厨房操作间、锅炉房	可燃材料堆场及其加工场	固定动火作业场	易燃易爆危险品库房
1	办公用房、宿舍	—	4	5	5	7	7	10
2	发电机房、变配电房	4	—	5	5	7	7	10
3	可燃材料库房	5	5	—	5	7	7	10
4	厨房操作间、锅炉房	5	5	5	—	7	7	10
5	可燃材料堆场及其加工场	7	7	7	7	—	10	10
6	固定动火作业场	7	7	7	7	10	—	12
7	易燃易爆危险品库房	10	10	10	10	10	12	—

注：1. 易燃易爆危险品库房与在建工程的防火间距不应小于 15m，可燃材料堆场及其加工场、固定动火作业场与在建工程的防火间距不应小于 10m，其他临时用房、临时设施与在建工程的防火间距不应小于 6m。

2. 当办公用房、宿舍成组布置时，其防火间距可适当减小，但应符合以下要求：① 每组临时用房的栋数不应超过 10 栋，组与组之间的防火间距不应小于 8m；② 组内临时用房之间的防火间距不应小于 3.5m；当建筑构件燃烧性能等级为 A 级时，其防火间距可减少到 3m。

3. 临时用房、临时设施的防火间距应按临时用房外墙外边线或堆场、作业场、作业棚边线间的最小距离计算；如临时用房外墙有突出可燃构件时，应从其突出可燃构件的外缘算起。

4. 两栋临时用房相邻较高一面的外墙为防火墙时，防火间距不限。

5. 本表未规定的，可按同等火灾危险性的临时用房、临时设施的防火间距确定。

6. 消防车道、建筑防火及临时消防设施参见 GB 50720《建设工程施工现场消防安全规范》。

7. 永久性用房或设施参见 GB 50016《建筑设计防火规范》。

附录 E 中小型混凝土构件预制场面积和钢筋加工间、仓库面积计算

E.0.1 现场中小型混凝土构件预制场面积按式（E.0.1）计算

$$F = \frac{QK}{TR\alpha} \quad (E.0.1)$$

式中：F——中小型预制场面积，m^2；
Q——中小型混凝土构件预制量，m^3；
K——不均匀系数，取 1.2～1.3；
T——中小型预制件生产工期，月；
R——每平方米场地月产量，取 $0.5m^3/(m^2 \cdot 月)$；
α——场地利用系数，取 0.6。

E.0.2 钢筋（包括碰焊、点焊）加工间面积按式（E.0.2）计算

$$F = \frac{QK}{TR\alpha} \quad (E.0.2)$$

式中：F——钢筋加工间面积，m^2；
Q——钢筋加工总量，t；
K——不均衡系数，取 1.5；
T——加工总工期，月；
R——每平方米月产量，取 $0.7～0.9t/(m^2 \cdot 月)$；
α——场地有效利用系数，取 0.6～0.7。

E.0.3 土建工程各类仓库及堆放场面积见表 E。

表 E 土建工程各类仓库及堆放场面积参考表

材料及半成品名称	单位	储备天数 N	不均匀系数 K	每平方米储存量定额 R	有效利用系数 α	仓库类型	堆高（m）	备注
水泥		30～60	1.3～1.5	1.40～1.80	0.65	封闭加垫	1.5～2.0	
生石灰		30	1.4	1.40～1.50	0.70	棚、露天		
砂子（人工堆放）	m³	15～30	1.4	1.50	0.70	露天	1.0～1.5	
砂子（机械堆放）	m³	15～30	1.4	3.00～4.00	0.80～0.90	露天	3.0～5.0	
石子（人工堆放）	m³	15～30	1.5	1.50	0.70	露天	1.0～1.5	
石子（机械堆放）	m³	15～30	1.5	3.00～4.00	0.80～0.90	露天	3.0～5.0	
块石	m³	15～30	1.5	1.00～1.20	0.70	露天	1.0～1.3	
砖	千块	15～30	1.1	0.70～0.80	0.60	露天	1.5～1.8	
板类预制件	m³	20～30	1.3	0.26～0.30	0.60	露天	1.5～2.0	
梁、柱类预制件	m³	20～30	1.3	0.80～1.20	0.60	露天	1.5～2.0	
钢筋（直条）		30～60	1.4	2.40	0.60	露天	1.0～1.2	
钢筋（盘条）		30～60	1.4	0.90～1.20	0.60	露天	1.0～1.2	高强钢丝入库
型钢及板材		50～70	1.4	1.0	0.60	露天		
金属结构		30～45	1.4	0.40	0.60	露天		
成材	m³	15～20	1.4	0.70～0.80	0.50	露天	2.0～3.0	方材及板料
木模板	m²	10～15	1.2	10.00～12.00	0.60	露天	1.5～2.0	

续表 E

材料及半成品名称	单位	储备天数 N	不均匀系数 K	每平方米储存量定额 R	有效利用系数 α	仓库类型	堆高（m）	备注
钢模板（使用时）		10～15	1.2	15.00～20.00	0.60	露天	1.1～1.3	
钢模板（库存时）	m²			25.00～30.00	0.70	半封闭	1.6～1.8	
钢筋成品（粗）		7～10	1.2	0.60～1.20	0.60	半封闭		
钢筋成品（骨架）		7～10	1.2	0.40～0.60	0.60	半封闭		
水暖零件		30～60		0.70～1.00	0.70	库	1.4～1.6	
五金		30～60		1.00～1.30	0.70	库		
玻璃	箱	30～60		10.00～15.00	0.60	棚、露天	0.8	露天堆放时加保护
卷材	卷	30～60		15.00～24.00	0.70	棚、露天	2.0	
沥青		30～60		0.80～1.00	0.60	露天	1.2～1.5	

注：1. 当采用散装水泥时设水泥罐，其容积按水泥周转量计算，不再设集中水泥库。
2. 块石、砖、水泥管等以在建筑物附近堆放为原则，一般不设集中堆放场。
3. 雷管、炸药库设置由专业单位根据公安部门有关规定执行。

附录 F 土建生产性临时建筑及场地参考面积

F.0.1 2×300MW 机组土建生产性施工临时建筑及场地参考面积见表 F.0.1。

表 F.0.1 土建生产性临时建筑及场地参考面积表（2×300MW 机组）

序号	分类	项目	Ⅰ类地区 临时建筑面积（m²）	Ⅰ类地区 场地面积（m²）	地区系数 Ⅱ 临时建筑	地区系数 Ⅱ 场地	地区系数 Ⅲ、Ⅳ 临时建筑	地区系数 Ⅲ、Ⅳ 场地
1-1	周转料具场	钢脚手管堆放及维修场地	40～60	600～1200	1.00	1.00	1.00	1.00
1-2		木模板制作	150～200	—				
1-3		成材堆放场	—	1000～1300				
1-4		废木堆放场	—	40～60				
1-5		钢模板及附件堆放、维修	—	600～900				
		合计	190～260	2240～3460				
2-1	钢筋加工	钢筋加工间	400～420	550～650	1.00	1.00	1.00	1.00
2-2		材料、成品堆放场	—	1600～2800				
2-3		埋件制作	100～120	—				
		合计	500～540	2150～3450	1.00	1.00	1.00	1.00

续表 F.0.1

序号	分类	项目	Ⅰ类地区		地区系数			
					Ⅱ		Ⅲ、Ⅳ	
			临时建筑面积（m²）	场地面积（m²）	临时建筑	场地	临时建筑	场地
3-1	混泥土系统	1 混凝土集中搅拌站	搅拌楼及上料系统、蓄水池等	500~800	700~900	1.20	1.00	1.30	1.00
3-2			砂石堆放场及通道	—	5500~6500	1.00		1.00	
3-3			混凝土机械库及停车场	80~100	500~600	1.50		2.00	
3-4			办公室、试验室	150~180					
3-5			洗车台	40~60	100~120				
3-6			检修台	150~200	—				
			小 计	920~1340	6800~8120				
3-7		2 简易搅拌站	搅拌机棚	60~80	300~400	1.00	1.00	1.00	1.00
3-8			水泥库（包括拆包间）	250~300					
3-9			砂石堆放场		300~400				
3-10			办公室、工具间	40~80	—				
			小 计	350~460	600~800				
			合 计	1270~1800	7400~8920	1.00	1.00	1.35	1.00
4-1	钢结构加工		中小型构件预制	—	1000~1300	1.00	1.00	1.00	1.00
4-2			煤斗预制	—	1200~1600				
4-3			屋架及钢栈桥等组合及堆放	—	1800~2000				
4-4			烟囱钢内筒加工	—	1300~1500				
			合 计	—	5300~6400	1.00	1.00	1.00	1.00

续表 F.0.1

序号	分类	项目	I类地区 临时建筑面积（m²）	I类地区 场地面积（m²）	地区系数 II 临时建筑	地区系数 II 场地	地区系数 III、IV 临时建筑	地区系数 III、IV 场地
5-1	机械动力站	汽车库及停车场	40～70	100～200	1.50	1.00	2.00	1.00
5-2		大型机械库及停车场	130～160	600～800	1.50		2.00	
5-3		机修、电修	30～50		1.00		1.00	
5-4		备件场		50～60				
		合　计	200～280	750～1060	1.27	1.00	1.55	1.00
6-1	仓库	钢材库	80～100	600～800	1.00	1.00	1.00	1.00
6-2		建材库	150～170	200～300				
6-3		五金电料库	180～200	—				
6-4		水暖零件库	50～80	—				
6-5		暖库（焊条、焊剂保管烘焙）	12～36	—				
6-6		工具杂品库	60～80	—				
6-7		危险品库	40～80	—				
6-8		劳保库	40～60	—				
6-9		地磅间	60～80	—				
6-10		其他库房及办公	130～150	100～200				
		合　计	802～1036	900～1300	1.00	1.00	1.00	1.00
7-1	其他	业主及监理办公室	300～400	800～1000	1.12	1.00	1.30	1.00
7-2		项目办公室及停车场、绿化等	600～700	800～1000	1.12		1.30	
7-3		班组间	200～300	600～800	1.12		1.30	

续表 F.0.1

序号	分类项目		Ⅰ类地区		地区系数			
					Ⅱ		Ⅲ、Ⅳ	
			临时建筑面积（m²）	场地面积（m²）	临时建筑	场地	临时建筑	场地
7-4		锅炉房	120~140	200~300	1.00	1.00	1.00	1.00
7-5		水泵房	70~80	—				
7-6		冷却塔作业	—	6000~7000				
7-7		水暖作业	100~120	200~300				
7-8		油漆作业	100~120	—				
7-9	其他	土方中转及弃土堆放场	—	20 000~25 000				
7-10		废弃物堆放场	—	400~500				
7-11		现场厕所	100~160	—				
7-12		其他作业及设施	—	300~500				
7-13		空冷岛立柱钢模板存放场地			（用地3000~4000）		1.00	1.00
7-14		码头	400~600	5000~6000	1.12		1.26	
7-15		围堰	500~700	12 000~20 000	1.12	1.00	1.26	1.00
7-16		取排水系统		5000~6000	1.12		1.26	
	合计		2790~3820	51 000~69 400	1.12	1.00	1.26	1.00
	总计		5452~7236	70 040~92 990	1.09	1.00	1.21	1.00

F.0.2 2×600MW 机组土建生产性临时建筑及场地参考面积见表 F.0.2。

表 F.0.2 土建生产性临时建筑及场地参考面积表（2×600MW 机组）

序号	分类项目		Ⅰ类地区		地区系数			
			临时建筑面积（m²）	场地面积（m²）	Ⅱ		Ⅲ、Ⅳ	
					临时建筑	场地	临时建筑	场地
1-1	周转料具场	钢脚手管堆放及维修场地	60～80	800～1300	1.00	1.00	1.00	1.00
1-2		木模板制作	150～200	—				
1-3		成材堆放场	—	1200～1500				
1-4		废木堆放场	—	80～120				
1-5		钢模板及附件堆放、维修	—	1000～1200				
		合　计	210～280	3080～4120				
2-1	钢筋系统	钢筋加工间	450～480	700～800	1.00	1.00	1.00	1.00
2-2		材料、成品堆放场	—	2400～2800				
2-3		埋件制作	150～180	—				
		合　计	600～660	3100～3600	1.00	1.00	1.00	1.00
3-1	混凝土系统	1 混凝土集中搅拌站 搅拌楼及上料系统、蓄水池等	800～1200	1000～1200	1.20	1.00	1.30	1.00
3-2		砂石堆放场及通道	—	7000～8000		1.00		1.00
3-3		混凝土机械库及停车场	150～180	700～800	1.50	1.00	2.50	1.00
3-4		办公室、工具间	200～220					
3-5		拌站试验室	80～100	150～180	1.00	1.00	1.00	1.00
3-6		检修间	180～220	—				
		小　计	1410～1920	8850～10 180				

续表 F.0.2

序号	分类		项目	Ⅰ类地区		地区系数			
						Ⅱ		Ⅲ、Ⅳ	
				临时建筑面积（m²）	场地面积（m²）	临时建筑	场地	临时建筑	场地
3-7	混凝土系统	2 简易搅拌站	搅拌机棚	80～100	400～500	1.00	1.00	1.00	1.00
3-8			水泥库（包括拆包间）	350～400					
3-9			砂石堆放场		600～700				
3-10			办公室、工具间	60～100	—				
			小　计	490～600	1000～1200				
			合　计	1900～2520	9850～11380	1.00	1.00	1.35	1.00
4-1	钢结构加工		中小型构件预制	—	1200～1500	1.00	1.00	1.00	1.00
4-2			煤斗预制	—	1300～1600				
4-3			屋架及栈桥等组合及堆放	—	2000～2500				
4-4			烟囱钢内筒加工及堆放	—	1500～1700				
			合　计	—	6000～7300	1.00	1.00	1.00	1.00
5-1	机械动力站		汽车库及停车场	60～90	120～300	1.50	1.00	2.00	1.00
5-2			大型机械库及停车场	160～180	1000～1200	1.50		2.00	
5-3			机修、电修	50～80	—	1.00		1.00	
5-4			备件场	—	80～100				
			合　计	270～350	1200～1600	1.27	1.00	1.55	1.00

续表 F.0.2

序号	分类项目		Ⅰ类地区		地区系数			
			临时建筑面积（m²）	场地面积（m²）	Ⅱ		Ⅲ、Ⅳ	
					临时建筑	场地	临时建筑	场地
6-1	仓库	钢材库	100～120	1000～1200	1.00	1.00	1.00	1.00
6-2		建材库	180～200	200～300				
6-3		五金电料库	200～220	—				
6-4		水暖零件库	80～120	—				
6-5		暖库（焊条、焊剂保管烘焙）	80～100	—				
6-6		工具杂品库	100～120	—				
6-7		危险品库	60～100	—				
6-8		劳保库	80～100	—				
6-9		地磅间	60～80	—				
6-10		其他库房及办公	150～180	200～300				
		合计	1110～1340	1400～1800	1.00		1.00	
7-1	其他	业主及监理办公室	500～600	1000～1200	1.12	1.00	1.30	1.00
7-2		项目办公室及停车场、绿化等	800～1000	1000～1200	1.12		1.30	
7-3		班组间	300～400	1000～1200	1.12		1.30	
7-4		锅炉房	140～160	200～300				
7-5		水泵房	80～90	—				
7-6		冷却塔作业	—	7000～8000	1.00		1.00	
7-7		水暖作业	120～140	200～300				
7-8		油漆作业	120～140	—				

续表 F.0.2

序号	分类 项目		I 类地区		地区系数			
			临时建筑面积（m²）	场地面积（m²）	II		III、IV	
					临时建筑	场地	临时建筑	场地
7-9	其他	土方中转及弃土堆放场	—	25 000~28 000	1.00	1.00	1.00	1.00
7-10		废弃物堆放场	—	500~600				
7-11		现场厕所	120~180	—				
7-12		其他作业及设施	—	500~800				
7-13		空冷岛立柱钢模板存放场地	—	—	(用地 4000~5000)		1.00	1.00
7-14		码头	500~700	6000~7000	1.12		1.26	
7-15		围堰	600~800	14 000~22 000	1.12	1.00	1.26	1.00
7-16		取排水系统	—	6000~7000	1.12		1.26	
	合 计		3280~4210	62 400~78 600	1.12	1.00	1.26	1.00
	总 计		7370~9360	87 030~108 600	1.09	1.00	1.21	1.00

F.0.3 2×1000MW 机组土建生产性临时建筑及场地参考面积见表 F.0.3。

表 F.0.3 土建生产性临时建筑及场地参考面积表（2×1000MW 机组）

序号	分类 项目		I 类地区		地区系数			
			临时建筑面积（m²）	场地面积（m²）	II		III、IV	
					临时建筑	场地	临时建筑	场地
1-1	周转料具场	钢脚手管堆放及维修场地	60~80	1000~1500	1.00	1.00	1.00	1.00
1-2		木模板制作	200~250	—				

续表 F.0.3

序号	分类项目		Ⅰ类地区		地区系数			
					Ⅱ		Ⅲ、Ⅳ	
			临时建筑面积（m²）	场地面积（m²）	临时建筑	场地	临时建筑	场地
1-3	周转料具场	成材堆放场	—	1500～1800	1.00	1.00	1.00	1.00
1-4		废木堆放场	—	100～150				
1-5		钢模板及附件堆放、维修	—	1200～1400				
		合计	260～330	3800～4550				
2-1	钢筋系统	钢筋加工间	450～480	700～800	1.00	1.00	1.00	1.00
2-2		材料、成品堆放场		3400～3600				
2-3		埋件制作	200～230					
		合计	650～710	4100～4400	1.00	1.00	1.00	1.00
3-1	混凝土系统	1 混凝土集中搅拌站	搅拌楼及上料系统、蓄水池等	800～1200	1200～1400	1.20	1.00	1.30	1.00
3-2			砂石堆放场及通道	—	8000～9000	1.00		1.00	
3-3			混凝土机械库及停车场	150～180	800～1000	1.50		2.50	
3-4			办公室、工具间	200～220	—	1.00		1.00	
3-5			搅拌站试验室	80～100	150～180				
3-6			检修间	180～220	—				
			小计	1410～1920	10 150～11 580				

续表 F.0.3

序号	分类项目		Ⅰ类地区		地区系数			
					Ⅱ		Ⅲ、Ⅳ	
			临时建筑面积（m²）	场地面积（m²）	临时建筑	场地	临时建筑	场地
3-7	3 混凝土系统	2 简易搅拌站	搅拌机棚	80~100	500~600	1.00	1.00	1.00	1.00
3-8			水泥库（包括拆包间）	350~400	—				
3-9			砂石堆放场	—	700~1000				
3-10			办公室、工具间	60~100	—				
			小计	490~600	1200~1600				
			合计	1900~2520	11350~13180	1.00	1.00	1.35	1.00
4-1	4 钢结构加工		中小型构件预制	—	1200~1500	1.00	1.00	1.00	1.00
4-2			煤斗预制	—	1500~1800				
4-3			屋架及栈桥等组合及堆放	—	2200~2700				
			烟囱钢内筒加工及堆放	—	1800~2000				
			合计	—	6700~8000	1.00	1.00	1.00	1.00
5-1	5 机械动力站		汽车库及停车场	60~90	120~300	1.50	1.00	2.00	1.00
5-2			大型机械库及停车场	160~180	1400~1700	1.50		2.00	
5-3			机修、电修	50~80	—	1.00		1.00	
5-4			备件场	—	80~100				
			合计	270~350	1600~2100	1.27	1.00	1.55	1.00

续表 F.0.3

序号	分类项目		Ⅰ类地区		地区系数			
					Ⅱ		Ⅲ、Ⅳ	
			临时建筑面积（m²）	场地面积（m²）	临时建筑	场地	临时建筑	场地
6-1	仓库	钢材库	100～120	1200～1400	1.00	1.00	1.00	1.00
6-2		建材库	180～200	300～400				
6-3		五金电料库	200～220	—				
6-4		水暖零件库	80～120	—				
6-5		暖库（焊条、焊剂保管烘焙）	80～100	—				
6-6		工具杂品库	100～120	—				
6-7		危险品库	60～100	—				
6-8		劳保库	80～100	—				
6-9		地磅间	60～80	—				
6-10		其他库房及办公	150～180	200～300				
	合计		1090～1340	1700～2100	1.00	1.00	1.00	1.00
7-1	其他	业主及监理办公室	500～600	1000～1200	1.12	1.00	1.30	1.00
7-2		项目办公室及停车场、绿化等	800～1000	1000～1200	1.12		1.30	
7-3		班组间	400～500	1100～1300	1.12		1.30	
7-4		锅炉房	140～160	200～300	1.00		1.00	
7-5		水泵房	80～90	—				
7-6		冷却水塔作业	—	8000～9000				
7-7		水暖作业	120～140	300～400				
7-8		油漆作业	120～140	—				

续表 F.0.3

序号	分类项目		Ⅰ类地区		地区系数			
			临时建筑面积（m²）	场地面积（m²）	Ⅱ		Ⅲ、Ⅳ	
					临时建筑	场地	临时建筑	场地
7-9	其他	土方中转及弃土堆放场	—	27 000～30 000		1.00		1.00
7-10		废弃物堆放场	—	500～600				
7-11		现场厕所	120～180	—				
7-12		其他作业及设施	—	500～800				
7-13		空冷岛立柱钢模板存放场地	—	—	—	6000～7000	1.00	1.00
7-14		码头	1000～1400	8000～9000	1.12	1.00	1.26	1.00
7-15		围堰	600～800	16 000～24 000	1.12		1.26	
7-16		取排水系统		8000～9000	1.12		1.26	
	合计		3980～5010	75 600～90 800	1.12	1.00	1.26	1.00
	总计		8150～10 260	101 850～121 130	1.09	1.00	1.21	1.00

附录 G 安装生产性临时建筑及场地参考面积

G.0.1 2×300MW 安装生产性临时建筑及场地面积参考表 G.0.1。

表 G.0.1 安装生产性临时建筑及场地参考面积（2×300MW 机组）

序号	分类项目		Ⅰ类地区		地区系数			
					Ⅱ		Ⅲ、Ⅳ	
			临时建筑面积（m^2）	场地面积（m^2）	临时建筑	场地	临时建筑	场地
1-1	汽轮机安装	管道预制组合	—	3200～5400	1.00	1.00	1.00	1.00
1-2		阀门	200～300	—				
1-3		辅机	120～180	300～400				
1-4		设备堆放场	—	6000～7000				
		小计	320～480	9500～12 800	1.00	1.00	1.00	1.00
2-1	锅炉安装	本体组合	—	12 000～13 000	1.00	1.00	1.00	1.00
2-2		辅机	—	300～400				
2-3		烟风道加工场	—	1620～2700				
2-4		保温外装板加工	320～360	300～400				
2-5		设备堆放场	—	11 000～13 000				
		小计	320～360	25 220～29 500	1.00	1.00	1.00	1.00

续表 G.0.1

序号	分类项目		Ⅰ类地区		地区系数			
			临时建筑面积（m²）	场地面积（m²）	Ⅱ		Ⅲ、Ⅳ	
					临时建筑	场地	临时建筑	场地
3-1	电气热控安装	电气加工及检修场	200～220	200～300	1.00	1.00	1.00	1.00
3-2		电气试验	50～70	—				
3-3		热工校验	80～90	—				
3-4		设备堆放场	—	3000～4000				
		小　计	330～380	3200～4300	1.00	1.00	1.00	1.00
4-1	机械动力站	汽车库及停车场	180～200	800～1000	1.50	1.00	2.00	1.00
4-2		机修、电修	100～110	200～300	1.00		1.00	
4-3		备件库及存放场	60～70	1000～2000				
		小　计	340～380	2000～3300	1.17	1.00	1.33	1.00
5-1	仓库	热机设备库	1000～1500	200～300	1.00	1.00	1.00	1.00
5-2		电气、热控设备库	800～1000	100～200				
5-3		暖库（焊条、仪表）	200～220	—				
5-4		保温材料库	620～1000	—				
5-5		工具库	100～110	—				
5-6		劳保库	60～100	—				
5-7		钢材库及堆放场	70～80	1500～2000				
5-8		阀门电动机加工件库	—	—				
5-9		危险品库	220～270	—				

续表 G.0.1

序号	分类项目	Ⅰ类地区		地区系数			
				Ⅱ		Ⅲ、Ⅳ	
		临时建筑面积（m²）	场地面积（m²）	临时建筑	场地	临时建筑	场地
5-10	仓库	供气站	200～260	—	1.00	1.00	1.00	1.00
5-11		其他库房及办公	200～220	400～500	1.00	1.00	1.00	1.00
		小计	3470～4760	2200～3000	1.00	1.00	1.00	1.00
6-1	其他	锅炉房	70～80	100～200	1.00	1.00	1.00	1.00
6-2		水泵房	90～100	200～300				
6-3		金属试验室	150～180	—	1.00		1.00	
6-4		焊接、热处理	120～140	—	1.00		1.00	
6-5		业主及监理办公室	600～800	900～1000	1.00		1.00	
6-6		项目办公室及停车场、绿化等	1000～1300	900～1000	1.20		1.40	
6-7		班组间	500～700	1200～1500	1.20	1.00	1.40	1.00
6-8		废弃物堆放场	—	300～400	1.00		1.00	
6-9		现场厕所	120～180	—	1.00		1.00	
6-10		其他作业及设施	440～500		1.25		1.50	
6-11		输煤系统设备存放场地	—	3000～5000	1.00		1.00	
6-12		空冷岛设备存放场地	—	—	100～200	5000～7000	1.00	1.00
6-13		脱硫设备存放场地	80～100	3000～4000	1.00	1.00	1.00	1.00
6-14		脱硝设备存放场地	—	3000～4000				
		小计	3170～4080	12 600～17 400	1.20	1.00	1.40	1.00
		总计	7950～10 440	54 720～70 300	1.14	1.00	1.17	1.00

G.0.2 2×600MW 机组安装生产性临时建筑及场地参考面积见表 G.0.2。

表 G.0.2 安装生产性临时建筑及场地参考面积（2×600MW 机组）

序号	分类项目		Ⅰ类地区		地区系数			
					Ⅱ		Ⅲ、Ⅳ	
			临时建筑面积（m²）	场地面积（m²）	临时建筑	场地	临时建筑	场地
1-1	汽轮机安装	管道预制组合	—	5400~8100	1.00	1.00	1.00	1.00
1-2		阀门	300~350	200~300				
1-3		辅机	150~200	300~400				
1-4		设备堆放场	—	8000~10 000				
		小计	450~550	13 900~18 800	1.00	1.00	1.00	1.00
2-1	锅炉安装	本体组合	—	14 000~17 600	1.00	1.00	1.00	1.00
2-2		辅机	—	300~400				
2-3		烟风道加工场	—	2700~4050				
2-4		保温外装板加工	360~400	400~500				
2-5		设备堆放场	—	16 000~21 000				
		小计	360~400	33 400~41 770	1.00	1.00	1.00	1.00
3-1	电气热控安装	电气加工及检修场	220~240	200~300	1.00	1.00	1.00	1.00
3-2		电气试验	60~70	—				
3-3		热工校验	100~110	—				
3-4		设备堆放场	—	5000~6000				
		小计	380~420	5200~6300	1.00	1.00	1.00	1.00

续表 G.0.2

序号	分类项目		Ⅰ类地区		地区系数			
			临时建筑面积（m²）	场地面积（m²）	Ⅱ		Ⅲ、Ⅳ	
					临时建筑	场地	临时建筑	场地
4-1	机械动力站	汽车库及停车场	200~220	1000~1200	1.50	1.00	2.00	1.00
4-2		机修、电修	110~120	200~300	1.00		1.00	
4-3		备件库及存放场	60~70	3500~4500				
		小 计	370~410	4700~6000	1.17	1.00	1.33	1.00
5-1	仓库	热机设备库	2000~3000	500~800	1.00	1.00	1.00	1.00
5-2		电气、热控设备库	1000~1500	300~500				
5-3		暖库（焊条、仪表）	200~220	—				
5-4		保温材料库	1000~2000	—				
5-5		工具库	100~110	—				
5-6		劳保库	60~100	—				
5-7		钢材库及堆放场	—	2000~2700				
5-8		阀门电动机加工件库	200~260	—				
5-9		危险品库	220~270	—				
5-10		供气站	200~260	—				
5-11		其他库房及办公	220~250	500~600				
		小 计	5200~7970	3300~4200	1.00	1.00	1.00	1.00

续表 G.0.2

序号	分类项目		I 类地区		地区系数			
					II		III、IV	
			临时建筑面积（m²）	场地面积（m²）	临时建筑	场地	临时建筑	场地
6-1	其他	锅炉房	80~90	100~200	1.00	1.00	1.00	1.00
6-2		水泵房	100~110	200~300				
6-3		金属试验室	180~200	—	1.00		1.00	
6-4		焊接、热处理	140~160	—	1.00		1.00	
6-5		业主及监理办公室	800~100	1000~1200	1.00		1.00	
6-6		项目办公室及停车场、绿化等	1200~1600	1000~1200	1.20	1.00	1.40	1.00
6-7		班组间	600~800	1500~1800	1.20		1.40	
6-8		废弃物堆放场	—	400~500	1.00		1.00	
6-9		现场厕所	120~180	—	1.00		1.00	
6-10		其他作业及设施	600~650	—	1.25		1.50	
6-11		输煤系统设备存放场地	—	5000~7000	1.00		1.00	
6-12		空冷岛设备存放场地	—	—	100~200	5000~7000	1.00	1.00
6-13		脱硫设备存放场地	80~100	4000~5000	1.00	1.00	1.00	1.00
6-14		脱硝设备存放场地	—	4500~5500				
	小计		3900~3990	17 700~22 700	1.20	1.00	1.40	1.00
	总计		10 660~13 740	78 200~98 170	1.14	1.00	1.17	1.00

G.0.3 2×1000MW 机组安装生产性临时建筑及场地参考面积见表 G.0.3。

表 G.0.3 安装生产性临时建筑及场地参考面积（2×1000MW 机组）

序号	分类项目		Ⅰ类地区		地区系数			
			临时建筑面积（m²）	场地面积（m²）	Ⅱ		Ⅲ、Ⅳ	
					临时建筑	场地	临时建筑	场地
1-1	汽轮机安装	管道预制组合	—	7020～9180	1.00	1.00	1.00	1.00
1-2		阀门	300～350	200～300				
1-3		辅机	—	300～400				
1-4		设备堆放场	—	12 000～15 000				
		小计	480～580	16 500～20 700	1.00	1.00	1.00	1.00
2-1	锅炉安装	本体组合	—	16 200～18 900	1.00	1.00	1.00	1.00
2-2		辅机	—	300～400				
2-3		烟风道加工场	—	3020～4180				
2-4		保温外装板加工	—	400～500				
2-5		设备堆放场	—	20 000～30 000				
		小计	400～440	39 920～49 800	1.00	1.00	1.00	1.00
3-1	电气热控安装	电气加工及检修场	220～240	200～300	1.00	1.00	1.00	1.00
3-2		电气试验	60～70	—				
3-3		热工校验	100～110	—				
3-4		设备置场	—	6000～7000				
		小计	380～420	6200～7300	1.00	1.00	1.00	1.00

续表 G.0.3

序号	分类项目		Ⅰ类地区		地区系数			
					Ⅱ		Ⅲ、Ⅳ	
			临时建筑面积（m²）	场地面积（m²）	临时建筑	场地	临时建筑	场地
4-1	机械动力站	汽车库及停车场	200～220	1000～1200	1.50	1.00	2.00	1.00
4-2		机修、电修	110～120	200～300	1.00		1.00	
4-3		备件库及存放场	60～70	4500～5500				
		小 计	370～410	5700～7000	1.17	1.00	1.33	1.00
5-1	仓库	热机设备库	2200～3200	500～800	1.00	1.00	1.00	1.00
5-2		电气、热控设备库	1200～1700	300～500				
5-3		暖库（焊条、仪表）	200～220	—				
5-4		保温材料库	1200～2500	—				
5-5		工具库	100～110	—				
5-6		劳保库	60～100	—				
5-7		钢材库及堆放场	—	3000～4000				
5-8		阀门电动机加工件库	200～260	—				
5-9		危险品库	220～270	—				
5-10		供气站	200～260	—				
5-11		其他库房及办公	200～220	400～500				
		小 计	6480～8920	4200～5800	1.00	1.00	1.00	1.00

续表 G.0.3

序号	分类项目		I 类地区		地区系数			
			临时建筑面积（m²）	场地面积（m²）	II		III、IV	
					临时建筑	场地	临时建筑	场地
6-1	其他	锅炉房	80~90	100~200	1.00	1.00	1.00	1.00
6-2		水泵房	100~110	200~300				
6-3		金属试验室	180~200	—	1.00		1.00	
6-4		焊接、热处理	140~160	—	1.00		1.00	
6-5		业主及监理办公室	800~1000	1000~1200				
6-6		项目办公室及停车场、绿化等	1200~1600	1000~1200	1.20		1.40	
6-7		班组间	1100~1300	1600~1800	1.20	1.00	1.40	1.00
6-8		废弃物堆放场	—	500~600	1.00		1.00	
6-9		现场厕所	120~180	—	1.00		1.00	
6-10		其他作业及设施	600~650	—	1.25		1.50	
6-11		输煤系统设备存放场地	—	6000~8000	1.00		1.00	
6-12		空冷岛设备存放场地	100~200	—	100~200	5000~7000	1.00	1.00
6-13		脱硫设备存放场地	80~100	5000~6000	1.00	1.00	1.00	1.00
6-14		脱硝设备存放场地		5000~6000				
	小 计		4500~5590	20 400~25 300	1.20	1.00	1.40	1.00
	总 计		12 610~16 360	93 820~116 500	1.14	1.00	1.17	1.00

附录 H 生活性施工临时建筑计算及人均面积参考值

H.0.1 施工人数的核定

按本导则表 4.4.2 核定现场全员高峰平均人数作为计算生活性施工临时建筑的依据。其专业高峰可调范围的超员人数短期居住用房，一般以内部调节或活动房屋解决。

H.0.2 宿舍（包括合同工、外包工）

土建专业住宿人数按土建全员高峰平均人数的 100%计算。安装专业住宿人数按安装全员高峰平均人数的 100%计算。人均面积参考值见表 H.0.2。

表 H.0.2 宿舍面积推荐表（m^2/人）

项 目	Ⅰ类地区	Ⅱ类地区	Ⅲ、Ⅳ类地区
平 房	4.5	5.0	5.5
楼 房	6.0	6.5	6.5

H.0.3 食堂（包括主副食加工、备餐间、仓库、管理员办公室、餐厅）

按全员高峰平均人数100%计算，人均面积参考值为0.45m^2/人。

H.0.4 医务所

按全员高峰平均人数100%计算，人均面积参考值见表 H.0.4。

表 H.0.4 医务所面积推荐表（m^2/人）

项 目	Ⅰ类地区	Ⅱ类地区	Ⅲ、Ⅳ类地区
一般现场条件	0.12	0.14	0.16
偏僻地区	0.18	0.19	0.20

H.0.5 浴室（包括男女浴室、更衣室）

按全员高峰平均人数的 50%计算，人均面积参考值取（0.18～0.20）m^2/人，但不宜大于 450m^2。

H.0.6 小卖部

按全员高峰平均人数 100%计算，人均面积参考值取（0.025～0.030）m^2/人，但不宜大于 120m^2。

H.0.7 文化娱乐设施（包括阅览室、游艺室）

按全员高峰平均人数 100%计算，人均面积参考值取 0.17m^2/人。

H.0.8 体育设施

按实际需要布置场地。

H.0.9 其他（包括茶水间、厕所等）

按全员高峰平均人数 100%计算，人均面积参考值取（0.12～0.14）m^2/人。

附录 J 土建、安装生活性施工临时建筑参考面积

J.0.1 2×300MW 机组土建生活性施工临时建筑参考面积见表 J.0.1。

表 J.0.1 土建生活性施工临时建筑参考面积表（2×300MW 机组）

分类项目	Ⅰ类地区			Ⅱ类地区			Ⅲ、Ⅳ类地区		
	计算人数	人均面积（m²/人）	面积（m²）	计算人数	人均面积（m²/人）	面积（m²）	计算人数	人均面积（m²/人）	面积（m²）
宿舍	1800	4.5～6	8100～10 800	1925	5～6.5	9625～12 512	2100	5.5～6.5	11 550～13 650
食堂	1800	0.55	990	1925	0.55	1059	2100	0.55	1155
医务所	1800	0.03	54	1925	0.04	77	2100	0.06	126
浴室	1800×0.5=900	0.19	171	1925×0.5=963	0.19	183	2100×0.5=1050	0.20	210
小卖部	1800	0.028	51	1925	0.028	54	2100	0.03	63
文化娱乐室	1800	0.17	306	1925	0.17	327	2100	0.175	368
其他	1800	0.13	234	1925	0.13	250	2100	0.14	294
总计			9906～12 606			10 575～14 462			13 766～15 866

注：1. 本表中其他包括生活锅炉房、茶水间、室外公用厕所等。
　　2. 本表居住建筑按平房～楼房计算，公共建筑则为平房。
　　3. 按本导则表 3.0.7 注中原为Ⅰ类地区核为Ⅱ类地区的，仍按Ⅰ类地区计算。

J.0.2 2×600MW 机组土建生活性施工临时建筑参考面积见表 J.0.2。

表 J.0.2　土建生活性施工临时建筑参考面积表（2×600MW 机组）

分类项目	Ⅰ类地区			Ⅱ类地区			Ⅲ、Ⅳ类地区		
	计算人数	人均面积（m^2/人）	面积（m^2）	计算人数	人均面积（m^2/人）	面积（m^2）	计算人数	人均面积（m^2/人）	面积（m^2）
宿舍	2050	4.5～6	9225～12 300	2150	5～6.5	10 750～13 975	2350	5.5～6.5	12 925～15 275
食堂	2050	0.55	1128	2150	0.55	1183	2350	0.55	1292
医务所	2050	0.03	62	2150	0.04	86	2350	0.06	64
浴室	2050×0.5=1025	0.19	195	2150×0.5=1075	0.19	204	2350×0.5=1175	0.20	235
小卖部	2050	0.028	57	2150	0.028	60	2350	0.03	70
文化娱乐室	2050	0.17	349	2150	0.17	365	2350	0.175	411
其他	2050	0.13	267	2150	0.13	280	2350	0.14	329
总计			11 283～14 358			12 933～16 153			15 326～17 676

注：1. 本表中其他包括生活锅炉房、茶水间、室外公用厕所等。
　　2. 本表居住建筑按平房～楼房计算，公共建筑则为平房。
　　3. 按本导则表 3.0.7 注中原为Ⅰ类地区核为Ⅱ类地区的，仍按Ⅰ类地区计算。

J.0.3 2×1000MW 机组土建生活性施工临时建筑参考面积见表 J.0.3。

表 J.0.3　土建生活性施工临时建筑参考面积表（2×1000MW 机组）

分类项目	Ⅰ类地区			Ⅱ类地区			Ⅲ、Ⅳ类地区		
	计算人数	人均面积（m^2/人）	面积（m^2）	计算人数	人均面积（m^2/人）	面积（m^2）	计算人数	人均面积（m^2/人）	面积（m^2）
宿舍	2250	4.5～6	10 125～13 500	2350	5～6.5	11 750～15 275	2600	5.5～6.5	14 300～16 900
食堂	2250	0.55	1138	2350	0.55	1293	2600	0.55	1430

续表 J.0.3

分类项目	Ⅰ类地区			Ⅱ类地区			Ⅲ、Ⅳ类地区		
	计算人数	人均面积(m²/人)	面积(m²)	计算人数	人均面积(m²/人)	面积(m²)	计算人数	人均面积(m²/人)	面积(m²)
医务所	2250	0.03	68	2350	0.04	94	2600	0.06	156
浴室	2250×0.5=1125	0.19	214	2350×0.5=1175	0.19	223	2600×0.5=1300	0.20	260
小卖部	2250	0.028	63	2350	0.028	66	2600	0.03	78
文化娱乐室	2250	0.17	383	2350	0.17	400	2600	0.175	455
其他	2250	0.13	293	2350	0.13	306	2600	0.14	364
总计			12 070~15 445			14 066~17 591			17 043~19 643

注：1. 本表中其他包括生活锅炉房、茶水间、室外公用厕所等。
2. 本表居住建筑按平房~楼房计算，公共建筑则为平房。
3. 按本导则表 3.0.7 注中原为Ⅰ类地区核为Ⅱ类地区的，仍按Ⅰ类地区计算。

J.0.4 2×300MW 机组安装生活性施工临时建筑参考面积见表 J.0.4。

表 J.0.4 安装生活性施工临时建筑参考面积表（2×300MW 机组）

分类项目	Ⅰ类地区			Ⅱ类地区			Ⅲ、Ⅳ类地区		
	计算人数	人均面积(m²/人)	面积(m²)	计算人数	人均面积(m²/人)	面积(m²)	计算人数	人均面积(m²/人)	面积(m²)
宿舍	900	4.5~6	4050~5400	1100	5~6.5	5500~7150	1400	5.5~6.5	7700~9100
食堂	900	0.55	495	1100	0.55	605	1400	0.55	770
医务所	900	0.03	27	1100	0.04	44	1400	0.04	56
浴室	900×0.5=450	0.19	86	1100×0.5=550	0.19	105	1400×0.5=700	0.20	140

续表 J.0.4

分类项目	Ⅰ类地区			Ⅱ类地区			Ⅲ、Ⅳ类地区		
	计算人数	人均面积(m²/人)	面积(m²)	计算人数	人均面积(m²/人)	面积(m²)	计算人数	人均面积(m²/人)	面积(m²)
小卖部	900	0.03	25	1100	0.03	31	1400	0.03	42
文化娱乐室	900	0.17	153	1100	0.17	187	1400	0.18	245
其他	900	0.13	117	1100	0.13	143	1400	0.14	196
总计			4953～6303			6615～8265			9149～10 549

注：1. 本表中其他包括生活锅炉房、茶水间、室外公用厕所等。
　　2. 本表居住建筑按平房～楼房计算，公共建筑则为平房。
　　3. 按本导则表 3.0.7 注中原为Ⅰ类地区核为Ⅱ类地区的，仍按Ⅰ类地区计算。

J.0.5 2×600MW 安装生活性施工临时建筑参考面积见表 J.0.5。

表 J.0.5 安装生活性施工临时建筑参考面积表（2×600MW 机组）

分类项目	Ⅰ类地区			Ⅱ类地区			Ⅲ、Ⅳ类地区		
	计算人数	人均面积(m²/人)	面积(m²)	计算人数	人均面积(m²/人)	面积(m²)	计算人数	人均面积(m²/人)	面积(m²)
宿舍	1150	4.5～6	5175～6900	1350	5～6.5	6750～8775	1650	5.5～6.5	9075～10 725
食堂	1150	0.55	633	1350	0.55	743	1650	0.55	908
医务所	1150	0.03	35	1350	0.04	54	1650	0.04	66
浴室	1150×0.5=575	0.19	109	1350×0.5=675	0.19	128	1650×0.5=825	0.20	165
小卖部	1150	0.03	32	1350	0.03	38	1650	0.03	50
文化娱乐室	1150	0.17	196	1350	0.17	230	1650	0.18	289

续表 J.0.5

分类项目	Ⅰ类地区			Ⅱ类地区			Ⅲ、Ⅳ类地区		
	计算人数	人均面积(m²/人)	面积(m²)	计算人数	人均面积(m²/人)	面积(m²)	计算人数	人均面积(m²/人)	面积(m²)
其他	1150	0.13	150	1350	0.13	176	1650	0.14	231
总计			6330~8055			8119~10144			10784~12434

注：1. 本表中其他包括生活锅炉房、茶水间、室外公用厕所等。
    2. 本表居住建筑按平房~楼房计算，公共建筑则为平房。
    3. 按本导则表 3.0.7 注中原为Ⅰ类地区核为Ⅱ类地区的，仍按Ⅰ类地区计算。

J.0.6 2×1000MW 机组安装生活性施工临时建筑参考面积见表 J.0.6。

表 J.0.6 安装生活性施工临时建筑参考面积表（2×1000MW 机组）

分类项目	Ⅰ类地区			Ⅱ类地区			Ⅲ、Ⅳ类地区		
	计算人数	人均面积(m²/人)	面积(m²)	计算人数	人均面积(m²/人)	面积(m²)	计算人数	人均面积(m²/人)	面积(m²)
宿舍	1600	4.5~6	7200~9600	1800	5~6.5	9000~11700	2050	5.5~6.5	11275~13325
食堂	1600	0.55	880	1800	0.55	990	2050	0.55	1128
医务所	1600	0.03	48	1800	0.04	72	2050	0.04	82
浴室	1600×0.5=800	0.19	152	1800×0.5=900	0.19	171	2050×0.5=1025	0.20	205
小卖部	1600	0.03	45	1800	0.03	50	2050	0.03	62
文化娱乐室	1600	0.17	272	1800	0.17	306	2050	0.18	359
其他	1600	0.13	208	1800	0.13	234	2050	0.14	287
总计			8805~11205			10823~13523			13398~15448

注：1. 本表中其他包括生活锅炉房、茶水间、室外公用厕所等。
    2. 本表居住建筑按平房~楼房计算，公共建筑则为平房。
    3. 按本导则表 3.0.7 注中原为Ⅰ类地区核为Ⅱ类地区的，仍按Ⅰ类地区计算。

附录 K 施工力能供应计算参数

K.0.1 用水不平衡系数见表 K.0.1。

表 K.0.1 用水不均衡系数表

用水类别	用水对象	不均衡系数
直接生产用水 K_1	工程施工用水	1.50
	附属生产企业用水	1.25
施工机械用水 K_2	施工机械运输机具用水	2.00
	动力设备用水	1.05～1.10
生活用水 K_3	现场生活用水	1.30～1.50
	居住区生活用水	2.00～2.50

K.0.2 各项工程直接生产用水量见表 K.0.2。

表 K.0.2 各项工程直接生产用水量

序号	用水对象	单位	用水量 q_1	备注
1	浇灌混凝土全部用水	L/m³	1700～2400	综合用水
2	拌合普通混凝土	L/m³	250	
3	拌合轻质混凝土	L/m³	300～350	
4	拌合泡沫混凝土	L/m³	300～400	
5	拌合热混凝土	L/m³	300～350	
6	拌合预制混凝土	L/m³	200	
7	混凝土养护（自然养护）	L/m³	200～400	
8	混凝土养护（蒸汽养护）	L/m³	500～700	

续表 K.0.2

序号	用水对象	单位	用水量 q_1	备注
9	冲洗模板	L/m³	5	
10	清洗搅拌机	L/(台·班)	600	
11	机械冲洗石子	L/m³	600	
12	人工冲洗石子	L/m³	1000	
13	洗砂	L/m³	1000	
14	砌砖工程全部用水	L/m³	150～250	
15	砌石工程全部用水	L/m³	50～80	
16	粉刷工程全部用水	L/m³	30	
17	砌耐火砖砌体	L/m³	100～150	包括砂浆拌合
18	浇砖	L/万块	2000～2500	
19	浇硅酸盐砌块	L/m³	300～350	
20	抹面	L/m³	4～6	不包括调制用水
21	楼地面	L/m³	190	找平层同
22	石灰消化	L/m³	3000	
23	砂浆拌合	L/m³	300	
24	工业管道工程	L/m³	35	

K.0.3 生活用水量见表 K.0.3。

表 K.0.3 生活用水量表

序号	用水项目	单位	耗水量 q_2	备注
1	全部生活用水	L/(人·日)	100～120	综合
2	饮用及盥洗	L/(人·日)	25～30	
3	食堂	L/(人·日)	15～20	
4	浴室	L/(人·次)	50～60	

续表 K.0.3

序号	用水项目	单位	耗水量 q_2	备注
5	医务所	L/(病床·日)	100~150	
6	洗衣	L/人	30~35	

K.0.4 室外消防用水量见表 K.0.4。

表 K.0.4 室外消防用水量表（Q_5）

序号	用水项目	按火灾同时发生次数计	单位	耗水量
1	生活区消防用水			
1-1	5000 人以内	一次	L/s	10
1-2	10 000 人以内	二次	L/s	10~15
1-3	25 000 人以内	二次	L/s	15~20
2	施工区消防用水			
2-1	施工面积在 10 万 m^2 以内	二次	L/s	15
2-2	施工面积在 10 万 m^2～25 万 m^2 之间	二次	L/s	20
2-3	每增加 25 万 m^2（递增）	一次	L/s	5

K.0.5 综合用电系数和功率因数见表 K.0.5。

表 K.0.5 综合用电系数和功率因数表

序号	机械设备名称	台数	综合需要系数 x	功率因数 $\cos\varphi$
1	混凝土搅拌机、砂浆搅拌机	10 台以下	0.70	0.68
2	皮带运输机、空气压缩机	10 台以下	0.75	0.75
		10 台以上	0.70	0.70
		30 台以上	0.65	0.65

续表 K.0.5

序号	机械设备名称	台数	综合需要系数 x	功率因数 $\cos\varphi$
3	电焊机	10 台以下	0.60	0.50
		10 台以上	0.40	0.45
		30 台以上	0.30	0.40
4	起重机、提升机	10 台以下	0.50	0.50
		10 台以上	0.40	0.40
5	木作加工、金属加工机		0.40	0.50
6	水泵、通风机		0.70	0.80

注：平均功率因数 $\cos\varphi$ 可取 0.70~0.75。

K.0.6 主要施工机械功率见表 K.0.6。

表 K.0.6 主要施工机械功率表

序号	机械名称	规格	功率（kW）
1	塔式起重机	4000t·m	436.0
		3000t·m	296.6
		2000t·m	247.1
		1250t·m	218
		1000t·m	213
2	炉顶起重机	300t·m	140.0
3	龙门起重机	60t/42m	101.6
		40t/42m	86.6
		30t/32m	62.6
		10t/32m	30.6
		10t/20m	23.0
4	卷扬机	JJM-3	7.5
		JJM-5	11.0

续表 K.0.6

序号	机械名称	规格	功率（kW）
4	卷扬机	JJM-10	22.0
5	施工电梯	SCD200/200	30.0
6	人货两用电梯	SCT100S	9.5
7	振动打拔桩机	DZ45、0DZA5Y	45.0
		DZ30Y	30.0
		DZ55Y	55.0
8	振动打拔桩机	DZ90A、DZ90B	90.0
9	普通车床	C630	3.0
10	交流电焊机	BX3-300-2	23.4
		BX3-500-2	38.6
11	逆变电焊机	LHL315	12.5
		ZX7-400ST2	12.5～21.0
		ZX7-400S19	21.0
12	钢筋弯曲机	GW40.WJ40	3.0
13	钢筋调直切断机	GT4/14	4.0
		GT6/14	11.0
		GT6/8	5.5
		GT3/9	7.5
14	混凝土搅拌楼（站）	HKL-80	41.0
15	插入式振动器	ZX25～ZX70	0.8～1.5
16	平板式振动器	ZT-1.5x6	0.5～1.1

K.0.7 室内照明用电见表 K.0.7。

表 K.0.7 室内照明用电表

序号	用电名称	定额容量（W/m²）	备注
1	混凝土及灰浆搅拌站	5.0	
2	钢筋室外加工	10.0	

续表 K.0.7

序号	用电名称	定额容量（W/m²）	备注
3	钢筋室内加工	8.0	
4	细木加工	5.0~7.0	
5	木材加工模板	8.0	
6	混凝土预制构件场	6.0	
7	金属结构及机电修配	12.0	
8	水泵房	7.0	
9	设备安装加工间	8.0	
10	发电站及变电所	10.0	
11	汽车库或机车库	5.0	
12	锅炉房	3.0	
13	仓库及棚仓库	2.0	
14	办公楼及试验室	（2.0~4.5）kW/间	综合用电
15	浴室、盥洗室、厕所	3.0	
16	宿舍	（2.0~3.5）kW/间	综合用电
17	食堂或俱乐部	（6.0~12.0）kW/处	综合用电
18	医务所	（2.0~3.5）kW	综合用电

注：本表综合用电已含夏季用空调。

K.0.8 室外照明用电见表 K.0.8。

表 K.0.8 室外照明用电表（W/m²）

序号	用电名称	定额容量	序号	用电名称	定额容量
1	人工挖土工程	0.8	7	卸车场	1.0
2	机械挖土工程	1.0	8	设备及半成品堆放	0.8
3	混凝土浇筑工程	1.0	9	车辆行人主干道	2000.0W/km
4	砖石工程	1.2	10	车辆行人非主干道	1000.0W/km
5	打桩工程	0.6	11	警卫照明	1000.0W/km
6	安装及铆焊工程	2.0			

K.0.9 风动工具同时使用率系数见表 K.0.9。

表 K.0.9 风动工具同时使用率系数（K_1）表

风动工具数量	1	2～3	4～6	7～10	12～20	30～50	70
同时使用系数 K_1	1.00	0.90	0.80	0.77～0.70	0.67～0.58	0.50	0.43

附录 L 施工用气量参考表

L.0.1 汽轮机冷凝器管板氩弧焊接用气量见表 L.0.1。

表 L.0.1 汽轮机冷凝器管板氩弧焊接用气参考表

装机台数及容量	2×300MW	2×600MW	2×1000MW
氩气用量（瓶）	250～300	400～550	600～800

L.0.2 电气铝母线氩弧焊接用气量见表 L.0.2。

表 L.0.2 电气铝母线氩弧焊接用气表

装机台数及容量	2×300MW	2×600MW	2×1000MW
氩气用量（瓶）	80～100	200～250	380～460

L.0.3 锅炉及汽轮机受压管口氩弧焊打底和全氩焊接用气量见表 L.0.3。

表 L.0.3 锅炉及汽轮机受压管口氩弧焊打底和全氩焊接用气参考表

管口直径（mm）	打底焊接用气（L/口）	全氩焊接用气（L/口）
$\varphi \leq 50$	40	80
$50 < \varphi \leq 100$	80	420
$100 < \varphi \leq 250$	250	1000
$250 < \varphi \leq 400$	380	—
$\varphi > 400$	480	—

L.0.4 根据机组类型加权综合用气系数见表 L.0.4。

表 L.0.4 机组类型加权综合用气系数

机组类型	亚临界机组	超临界机组	超超临界机组
加权系数	1.45～1.65	1.55～1.75	2.00～2.20

L.0.5 安装工程氧气等耗用量见表 L.0.5。

表 L.0.5 安装工程氧气、乙炔、氩气耗用量参考表

装机台数及容量	氧气（瓶）	乙炔（瓶）	氩气（瓶）
2×300MW	25 000～30 000	7500～9000	5000～6000
2×600MW	33 000～42 000	10 000～14 000	10 000～15 000
2×1000MW	65 000～80 000	23 000～26 000	18 000～22 000

注：气瓶容积按标准 $6m^3$ 计算。

L.0.6 安装工程每 8h 氧气等最大耗用量见表 L.0.6。

表 L.0.6 安装工程每 8h 氧气、乙炔、氩气最大耗用量参考表

装机台数及容量	氧气		乙炔		氩气
	瓶	容积（m^3）	瓶	容积（m^3）	瓶
2×300MW	120～140	720～840	36～42	216～252	30～48
2×600MW	160～340	960～2040	48～102	288～712	54～80
2×1000MW	300～500	1800～3000	100～170	600～1020	100～120

附录 M 冬期施工用热

M.0.1 施工生活及生产用供热总需求量见表 M.0.1。

表 M.0.1 施工生活及生产用供热总需求量参考表（MW）

设备名称	Ⅱ类地区	Ⅲ类地区	Ⅳ类地区
2×300MW	3.0	3.4	4.0
2×600MW	4.5	6.0	8.0
2×1000MW	6.0	7.0	9.5

注：1. 锅炉采用承压式热水锅炉（锅炉进水温度 70℃；出水温度 95℃）。
  2. 表内参数为采暖供热总需求量，应按此需求量选择热水锅炉的配置。
  3. 如果不考虑冬季搅拌站施工用热水，表内参数可相应减小。
  4. 浴室、搅拌站等用热水需加装换热器加热。

M.0.2 冬期施工单耗热量指标见表 M.0.2。

表 M.0.2 冬期施工单耗热量指标表

类别	方法	单位	室外温度（℃）	制品温度（℃）	单位热耗（KJ/m³）	加热延续时间（h）	单耗热量（W/m³）	备注
材料加热	混凝土组成料	m³	−10	40	188 100	4.0	13 062	包括砂、石、水的加热
			−20		225 720		15 675	
			−30		263 340		18 288	
	砂浆组成料	m³	−10	40	160 094	4.0	11 118	包括砂、水的加热
			−20		191 862		13 324	
			−30		223 840		15 559	
	热拌混凝土组成料	m³	−10	60	201 894	0.3	186 938	
			−20		230 736		213 644	
			−30		259 578		240 350	

续表 M.0.2

类别	方法	单位	室外温度（℃）	制品温度（℃）	单位热耗（KJ/m³）	加热延续时间（h）	单耗热量（W/m³）	备注
混凝土养护	内部通气法	m³	−10	50	731 500	50.0	4064	
			−20		836 000		4644	
			−30		940 500		5225	
	毛管法		−10	60	953 040		5295	
			−20		1 099 340		6107	
			−30		1 241 460		6897	
	汽套法		−10	50	1 818 300		10 102	
			−20		2 090 000		11 611	
			−30		2 361 700		13 120	
	养生窑		−10	80	643 720	26.0	6877	养护池
			−20		706 420		7547	
			−30		773 300		8262	
建筑物解冻	砖混结构	m³	−10	10	21 318	10.0	592	
			−20		31 350		870	
			−30		41 800		1161	
土方化冻	喷汽法	m³	−10	5	451 440	24.0	5225	土方为黏土时，耗热量需乘以系数（1.1～1.15）
			−20		873 620		10 111	
			−30		1 074 260		12 433	
	排管法		−10		501 600	48.0	2903	
			−20		660 440		3822	
			−30		800 560		4644	

附录 N 主要施工机械配备参考资料

N.0.1 典型 2×300MW 机组新建工程施工机械配置见表 N.0.1。

表 N.0.1 某电厂 2×300MW 机组新建工程施工机械配置表

序号	设备名称	1 号机组			2 号机组		
		型号/工作能力	数量	所使用的区域及用途	型号/工作能力	数量	所使用的区域及用途
				安装工程部分			
1	圆筒吊	FZQ1380	1				
2	平臂吊				STT293	1	2 号炉固定端
3	龙门吊	50t/42m	1		40t/42m 龙门吊	1	安装于组合场
4	履带吊	LS-248RH2/150t	1		650t 履带吊	1	2 号炉扩建端
5		QUY50A/50t	1		250t 履带吊	1	随机布置及电除尘
6					50t 履带吊	1	全厂配合
7	汽车吊	TG-500E/50t	1		25t 汽车吊	1	全厂配合使用
8		TL-300M/30t	1		50t 汽车吊	1	全厂配合使用
9		QY-8B/8t	2				
10	平板车	20t	2		XZJ5600TYA40/40t	1	全场运输
11		13t 欧曼	2		拖车车组斯太尔	1	全场运输
12	叉车	CPCD50A			—		—

续表 N.0.1

序号	设备名称	1号机组 型号/工作能力	数量	所使用的区域及用途	2号机组 型号/工作能力	数量	所使用的区域及用途
13	卷扬机	15t	6		—		—
14		10t	6		—		—
15		5t	8		—		—
16	施工电梯	SCD200/200J	1			1	锅炉
		土建工程部分					
1	塔式起重机	FO/23B/10t	1		8t 塔吊	2	主厂房
2		QTZ400/4t	1		—		—
3		QTZ300/3t	1		—		—
4	龙门起重机	10t/18m	1		10t/21m 龙门吊	1	钢筋加工厂
5	汽车式起重机	AC395	2		25t 汽车吊	1	全厂配合使用
6					50t 汽车吊	1	全厂配合使用
7	挖掘机	HD-125VⅡ	3		1.2 立	4	
8	推土机	D85A-18	2			2	
9	自卸卡车	TARA8158Ⅱ	12			12	
10	混凝土搅拌站	HZS-25	2		—		
11	混凝土泵车	IPF-85B-2	2		—		
12	混凝土固定泵	QLS-6	1				
13	混凝土搅拌辖送车	NTO500D	6				
14	烟囱提升装置						

续表 N.0.1

序号	设备名称	1号机组 型号/工作能力	数量	所使用的区域及用途	2号机组 型号/工作能力	数量	所使用的区域及用途
15	钢筋调直切断机	FGQ40A	2			3	钢筋场
16	钢筋弯曲机	GW40	2			3	钢筋场
17	对焊机					2	钢筋场
18	人货电梯					1	主厂房
	主要耗电机具						
1	逆变电焊机				ZX7-400	80	全场
2	CO_2气体保护焊机	直流焊机 ZX7-400ST	15	全场	XC-350	6	全场
3	钨极脉冲氩弧焊机	—			—	8	全场
4	熔化极氩弧焊机	—			LAH-500	5	全场
5	交流方波钨极氩弧焊机	交流焊机 BX1-300	23	全场		2	全场
6	可控硅焊机			全场	ZX5-400C	20	全场
7	热处理机	WDG-240	3	全场	480型	2	全场
8		WDG-360	4		—		
9	x射线探伤机	LX2505	1	全场	200kV、250kV、	1	全场
10	γ射线探伤机	—			880DELTA	2	全场
11	超声波探伤机	HS610	3	全场	CTS-9002	2	全场

N.0.2 典型 2×600MW 机组新建工程施工机械配置见表 N.0.2。

表 N.0.2 某电厂 2×600MW 机组新建工程施工机械配置表

序号	设备名称	1号机组			2号机组		
		型号/工作能力	数量	所使用的区域及用途	型号/工作能力	数量	所使用的区域及用途
安装工程部分							
1	塔式起重机	MK2500	1	锅炉区域（受热面及大板梁等）	FZQ2000/60t	1	锅炉区域主吊
2		C7022	1	锅炉区域（受热面等）	ST7027/16t	1	锅炉区域/锅炉施工
3					ST7027/12t	1	电除尘区域/电除尘施工
4	龙门吊	40t/32m	4	汽轮机组合场、锅炉组合场2台，设备代保管	LMQ6042/60t	1	组合场施工
5		20t/20m	1	设备代保管	QM6342/63t	1	组合场施工
6		5t/20m	1	设备代保管仓库			
7	履带吊	SCC500	1	现场装卸	CC2800/600t	1	现场流动大件吊装
8		SCC1500	1	现场装卸及电除尘器安装	CKE2500/250t	1	现场流动吊装
9		SCC2500	1	除氧器，高、低压加热器	QUY70/70t	1	现场流动吊装
10		SCC4000	1	大板梁			
11	汽车吊	50t	2	现场装卸	QY25E/25t	2	现场流动
12	汽车吊	25t	2	现场装卸	QZD50K/50t	1	现场流动
13	平板车	40t 平板车	2	现场装卸及设备代保管	20t	2	流动式使用/现场运输

续表 N.0.2

序号	设备名称	1号机组 型号/工作能力	数量	所使用的区域及用途	2号机组 型号/工作能力	数量	所使用的区域及用途
14	平板车	25t 平板车	4	现场装卸及设备代保管	30t	2	流动式使用/现场运输
15	叉车	10t	1	设备代保管	CPCD5A2Z	1	机动配合
16		5t	1	设备代保管			
17	卷扬机				JJM10/10t	4	机动配合
18	卷扬机				JJ5/5t	4	机动配合
19	卷扬机				JK2/2 t	2	机动配合
20	施工电梯	SC200/200GZ	1	锅炉区域	SC200/200 2t	1	锅炉施工
土建工程部分							
1	塔式起重机	TC7035B	1	主厂房			
2		QTZ160	1	主厂房2号机			
3		QT80EA	3	主厂房固定端补给水泵房、翻车机室			
4		QT5013	3	贮灰库、混煤仓			
5	龙门吊	10t/25m	2	钢筋加工			
6		20t/25m	1	钢结构安装			
7	履带吊	7150/150	1	7号1输煤栈桥安装			
8		QY-70G	1	钢结构安装			
9	汽车吊	QY25	1	建筑物材料的垂直运输			
10		QY16	2	建筑物材料的垂直运输			
11	挖掘机	1.4m³	12	基坑开挖			

续表 N.0.2

序号	设备名称	1号机组 型号/工作能力	数量	所使用的区域及用途	2号机组 型号/工作能力	数量	所使用的区域及用途
12	装载机	ZL50	3	土石方工程及材料运输			
13	自卸卡车	15T	20	土石方工程及材料运输			
14	混凝土固定泵	HBT60	3	混凝土工程			
15	混凝土汽车输送泵	ZLJ型	3	混凝土工程			
16	烟囱提升装置						
17	钢筋调直切断机	GW-40	5	钢筋工程			
18	钢筋弯曲机	GQ-40	6	钢筋工程			
19	对焊机	HQ-630	3	钢筋工程			
20	剥肋滚丝机	HGS-40B	5	钢筋工程			
21	人货电梯	SS-100	5	建筑材料垂直运输			
22	其他	履带式液压凿岩机	2	石方工程凿孔			
23		砂浆搅拌机	4	砂浆搅拌			
24		平板车	2	材料倒运			
主要耗电机具							
1	电焊机				ZX7-400STG	150	全场
2	热处理机				240-4	2	全场
3	x射线探伤机				XXQ	5	全场
4	超声波探伤机				模拟型 CTS-2	4	全场

N.0.3 典型 2×1000MW 机组新建工程施工机械配置见表 N.0.3。

表 N.0.3 某电厂 2×1000MW 机组新建工程施工机械配置表

序号	设备名称	1号机组			2号机组		
		型号/工作能力	数量	所使用的区域及用途	型号/工作能力	数量	所使用的区域及用途
		安装工程部分					
1	塔式起重机	ZSC70240/80t	1	锅炉区域/锅炉吊装施工	ZSC70240/80t	1	锅炉吊装
2		K4021/16t	1	锅炉区域/锅炉吊装施工	K40/26/16t	1	电除尘吊装
3		MC320/16t	1	电除尘区域/电除尘吊装施工	K40/26/16t	1	锅炉吊装
4	龙门式起重机	LQZ6042/60t	2	锅炉组合场	60t/42m	1	锅炉组合场
5		LMQ4042/40t	1	汽轮机组合场	40t/42m	1	汽轮机组合场
6	履带式起重机	QUY250/250t	1	流动式使用/大件吊装	SCC9000/900t	1	锅炉吊装
7		QUY50/50t	1	流动式使用/吊装施工	CC1000/200t	1	电除尘，海水淡化
8		CC2800/600t	1	流动式使用/大件吊装	PR100/100t	1	全场
9							
10	汽车式起重机	QY25/25t	3	流动式使用/吊装施工	TR-500EXL/50t	1	全场
11		QY50/50t	2	流动式使用/吊装施工	TG-500E/50t	3	全场
12					QY-25/25t	1	全场
13	平板车	40t	1	流动式使用/现场运输	CDG9640D/50t	1	全场

续表 N.0.3

序号	设备名称	1号机组 型号/工作能力	数量	所使用的区域及用途	2号机组 型号/工作能力	数量	所使用的区域及用途
14	平板车	30t	2	流动式使用/现场运输	STER1291/30t	1	全场
15		20t	2	流动式使用/现场运输	DJ250/25t	1	全场
16	叉车	CPCD5A2Z	1	机动配合	CPCD5/5t	2	全场
17	卷扬机	JJM10/10t	4	机动配合	JM10B/10t	6	锅炉
18		JJ5/5t	4	机动配合	JZ5F/5t	4	全场
19	施工电梯	SC200/200 2t	1	锅炉区域施工	SCD200/200	1	锅炉
20		SC200/200 2t	1	锅炉区域施工			
		土建工程部分					
1	塔式起重机	MC320/16t	1	厂房区域/厂房施工			
2	龙门吊						
3	履带吊				CC1000/200t	1	厂房下部钢结构吊装
4					SCC9000/900t	1	厂房上部钢结构吊装
5					ДЭК-631A/63t	1	全场
6	汽车吊				TG-500E/50t	1	全场
7	挖掘机	WY100	3	土方开挖	R942/1.0m^3	4	全场
8	推土机	移山100	1	土方平整	TY-220/1.8m^3	2	全场
9	自卸卡车		10	土方运输	32t	10	全场
10	混凝土搅拌站	HZS-60	2	混凝土配制	HZS75A	1	
11	混凝土泵车	1PF-85B-2	3	混凝土浇筑	SY5380THB-42/90m^3/h	3	全场

续表 N.0.3

序号	设备名称	1号机组 型号/工作能力	数量	所使用的区域及用途	2号机组 型号/工作能力	数量	所使用的区域及用途
12	混凝土固定泵	3080B-HP	1	混凝土浇筑	IPF65DF/65m³/h	1	汽机房
13	混凝土搅拌辖送车	JQC6	5	混凝土运输	SY5290GJB/6m³	9	全场
14	烟囱提升装置	SMZ150	1	烟囱施工			
15	钢筋调直切断机	$\phi 14$	4	钢筋加工	GD40-1/ϕ6-40	2	
16	钢筋弯曲机	GJB-40	4	钢筋加工	GW40-1/ϕ6-40	2	
17	对焊机				UN17-150/ϕ36 UN100/ϕ25	3	
18	人货电梯				SCD200/200	1	主厂房上料
主要耗电机具							
1	逆变电焊机	ZX7-400ST2	200	焊接施工			
2	交流焊机				ZX7-400ST	220	全场
3	热处理机	240-4	6		DWK-360	6	
4					DWK-180	4	
5	x射线探伤机	XXQ	5		XXG-2505	10	
6	超声波探伤机	模拟型CTS-2	2		CTS-22	8	

本导则用词说明

1 为便于在执行本规范条文时区别对待,对要求严格程度不同的用词说明如下:

1) 表示很严格,非这样做不可的用词:
   正面词采用"必须",反面词采用"严禁"。
2) 表示严格,在正常情况下均应这样做的用词:
   正面词采用"应",反面词采用"不应"或"不得"。
3) 表示允许稍有选择,在条件许可时首先应这样做的用词:
   正面词采用"宜",反面词采用"不宜"。
4) 表示有选择,在一定条件下可以这样做的用词,采用"可"。

2 条文中指定应按其他有关标准、规范执行时,写法为"应符合……的规定"或"应按……执行"。非必须按所指的标准、规范或其他规定执行时,写法为"可参照……"或"可参见……"。

引用标准名录

GB 5749　生活饮用水卫生标准
GB/T 19001　质量管理体系　要求
GB/T 24001　环境管理体系　要求及使用指南
GB/T 28001　职业健康安全管理体系　要求
GB/T 28002　职业健康安全管理体系　实施指南
GB 50015　建筑给水排水设计规范
GB 50016　建筑设计防火规范
GB 50057　建筑物防雷设计规范
GB 50174　电子信息系统机房设计规范
GB 50194　建设工程施工现场供用电安全规范
GB 50289　城市工程管线综合规划规范
GB/T 50430　工程建设施工企业质量管理规范
GB/T 50502　建筑施工组织设计规范
GB 50656　施工企业安全生产管理规范
GB 50720　建设工程施工现场消防安全技术规范
DL/T 855　电力基本建设火电设备维护保管规程
DL/T 1144　火电工程项目质量管理规程
DL/T 5210　电力建设施工质量验收及评定规程
DL 5277　火电工程达标投产验收规程
JGJ 46　施工现场临时用电安全技术规范
JGJ 63　混凝土用水标准
JGJ/T 104　建筑工程冬期施工规程

中华人民共和国电力行业标准

火力发电工程施工组织设计导则

DL/T 5706—2014

条 文 说 明

DL/T 5706—2014

目 次

1 总则 …………………………………………………………131
3 基本规定 ……………………………………………………132
4 现场组织机构与人力资源配置 ……………………………133
5 施工综合进度 ………………………………………………134
6 施工总平面布置 ……………………………………………135
7 施工临时设施及场地 ………………………………………137
8 施工力能供应 ………………………………………………139
9 主要施工方案及特殊施工措施 ……………………………142
10 质量管理 ……………………………………………………144
11 职业健康与安全管理 ………………………………………145
12 环境管理 ……………………………………………………147
13 物资管理 ……………………………………………………150
14 现场教育培训 ………………………………………………151
15 工程信息化管理 ……………………………………………152

1 总　　则

1.0.1 本条文既是制定本导则的目的，也是制定本导则的指导思想。它不仅是施工单位编、审施工组织设计的依据，也是建设单位、监理单位审查施工单位的施工组织设计的指导性文件，同时也是建设单位组织编制施工组织总设计的依据文件。

1.0.2 由于目前300MW及以上机组已成为我国电力建设的主力机组，为了适应电力建设不断发展的需要，故本《导则》适用范围为两台300MW及以上的燃煤新建电厂，同时根据电力工程造价与定额管理总站编写的《火力发电工程建设预算编制与计算标准（2006年版）》，明确扩建工程开工日期与前一期工程最后一台机组的投产日期相距3年以上或本期建设机组等级大于前一期机组等级的工程也视为新建工程。对于单台机组、扩建工程或小于300MW机组的工程，本《导则》可参照使用。

本导则为火力发电工程施工组织设计导则，编制内容不含电厂铁路专用线及电厂配套码头工程。

3 基 本 规 定

3.0.1 施工组织总设计应涵盖监理、设计、设备、施工、调试。专业施工组织设计包括土建、锅炉、汽机、电热、焊接等专业。

3.0.3 本导则规定了施工组织设计的编制内容和编制深度，各章的第一节规定了施工组织设计中该章节宜包含的基本内容。

3.0.3 1 工程概况章节可包括工程位置、主要设备参数、工程量、投资单位、建设单位、参建单位、各标段的分工接口等内容。

3.0.5 1 厂区的水文、地质、地震、气象资料及测量报告，收集的内容可包括：厂区地下水位及土壤渗透系数，厂区地质柱状图及各层土的物理力学性能；不同频率的江湖水位、汛期及枯水期的起讫时间及规律；潮汐、雨季及年降雨日数；多风地区的风季及大于六级风的年发生日数；寒冷及严寒、酷寒地区冬期施工期的气温及土壤冻结深度；有关防洪、防涝、防雷等各种资料。

3.0.6 施工组织设计的编审应在工程项目开工前完成。

4 现场组织机构与人力资源配置

4.2 现场组织机构设置

4.2.1、4.2.2 由于目前建设单位采用多岛招标、多方承包施工的方式越来越普遍，施工单位现场项目组织机构也形式多样，本导则不可能对所有各种承包模式的组织机构的设置作出规定。本条文对主体施工单位项目组织机构的设置提出了指导性意见，施工单位可以根据工程特点、承包范围和合同的要求以及企业自身的特点，按照本条文的原则进行设置，不强求统一。要既有原则性，又有灵活性。

4.3 现场管理人员配备

4.3.4 本条文现场施工管理人数是修订过程中经过调研，综合目前几十个典型工程现场管理人员实际配备的相关资料编制的。导则对现场管理人数不作为指标提出，表4.3.4现场管理人数供施工单位在实际工程中参考使用。

4.4 现场施工人员配备

4.4.2 本条文现场施工人数是修订过程中经过调研，综合目前几十个典型工程现场施工人员实际配备的相关资料编制的。导则对现场施工人数作为参考指标提出，也是决定现场生产、生活临时建筑及力能供应的重要计算依据之一。随着我国火电施工技术的发展以及新技术的广泛应用，现场施工人数比原导则的指标明显下降。表4.4.2现场施工人数供施工单位在实际工程中参考使用。

DL/T 5706—2014

5 施工综合进度

5.1 一般规定

5.1.2 施工组织总设计应编制一级进度计划，标段施工组织设计应根据一级进度计划编制二级进度计划。

5.2 施工工期

5.2.6 "五通一平"的铁路，由建设单位在项目可研阶段进行规划，不考虑厂区内的临时铁路。

5.3 施工进度控制

5.3.2 为了确保工程施工能按计划进行，本条文对建设单位提供的图纸、设备及材料要求分别在单位工程开工前2个月、1个月到达现场。随着设备制造质量的提高，一般新设备现场不再解体检查，但是设备到达后还需进行开箱检验以及施工技术准备，1个月时间是比较合理的。

6 施工总平面布置

6.1 一般规定

6.1.3 目前电厂建设环保要求高、土地资源有限，在施工总平面布置时应综合考虑这些因素，节约用地是所有项目必须遵循的原则。

6.2 施工区域划分与施工用地面积指标

6.2.4 施工用地指标参考了调研资料，提出了300MW、600MW和1000MW级机组所需要的用地。

表6.2.4注10 当火电工程现场受到场地的限制，施工用地面积无法达到指标面积要求，给施工带来一定困难时，建设单位应采取相应措施使施工能够顺利进行。

6.3 交通运输组织

6.3.2 明确了场内道路布置应遵循的原则，强调了永临结合；施工道路"永临结合"不仅可以降低施工费用，而且对现场施工环境的改善和文明施工提供了条件。对永临结合的道路路基，既要满足永久道路路基的设计要求，还要满足施工的特殊要求。由于永临结合道路的路基开挖标高受到设计和施工两方面的制约，所以永临结合道路的施工方案在施工前应取得设计的同意。

6.3.3 由于大件运输现在所用的平板车多为100t级～400t级，各种平板车的性能不同，所要求的弯道半径也不一样，所以要求根据实际情况确定。

6.3.5 现阶段施工对文明施工要求很高，因此施工道路推荐混凝土路面。

6.3.6 厂外运输线一般不是施工组织总设计的范围。当合同另有约定，必须修建厂外临时运输设施时，可在施工组织总设计中列入，并由建设单位核定。

6.4 施工管线平面布置

6.4.1 明确了施工管线的具体类型，增加了计算机网络线及其他管线。

7 施工临时设施及场地

7.1 一 般 规 定

7.1.2 施工临时设施的主要项目包括施工所必须的生产和生活性临时建筑、力能供应设施、交通运输设施以及防洪排涝等设施。根据现有条件,生活性施工临时建筑中一部分可以由社会化服务来解决。

7.1.3 施工场地应满足材料、设备的露天堆放以及机械停放、安装组合等场地的要求,根据目前机组类型的特点,本条增加了空冷、脱硫、脱硝、码头、围堰等工程的内容。

7.1.6 我国各地的环境、气候自然条件和采用的建筑材料各不相同,施工临时建筑结构型式应以因地制宜、就地取材为原则,但应符合国家和地方有关使用建筑材料的政策。目前新型轻质结构材料和可装卸、能周转、性能好的装配式轻型结构房屋已被广泛采用,以达到施工速度快、能周转使用、降低临时建筑费用、改善场容场貌的效果,应继续予以推广使用。

7.2 土建工程生产性施工临时建筑及施工场地

7.2.1 根据目前厂房结构型式和施工条件的变化,土建工程的生产性施工临时建筑及施工场地项目中,混凝土系统不再安排大型预制构件场、水泥库,只有使用简易搅拌站时考虑设置小型水泥库(包括拆包间);木作系统不再需要细木加工场地。但针对钢结构加工内容增加了一个钢结构加工系统,把煤斗预制、屋架及钢栈桥等组合、烟囱钢内筒加工列为一个加工系统。

7.2.8 从调研资料分析,因各地环境条件、施工方法有差异,土建施工临时建筑及场地面积数据离散性较大，附录 F 中所列土建生产临时建筑及场地面积只能作为参考，工程建设所需的各类仓库及堆放场应按不同存放要求分别选择不同的建筑类型和标准，建筑类型可选择封闭、半封闭、敞棚或露天堆放；焊条、焊剂保管烘焙仓库需要满足一定的温度和湿度条件。

7.3 安装工程生产性施工临时建筑及施工场地

7.3.1 安装工程的生产性施工临时建筑及场地，根据目前设备安装特点和施工条件的变化，考虑了保温外装板加工间和电气安装中热控项目场地。

7.3.2 从调研资料分析，因各地环境、条件、施工方法有差异，标段划分形式多，致使总结出来的安装施工临时建筑及场地面积离散性较大，附录 G 所列面积只能作为参考。

7.4 生活性施工临时建筑

7.4.2 各施工单位在施工生活区用地控制指标范围内可合理安排生活性施工临时建筑。附录 J 所列土建和安装的生活性施工面积只能作为参考。

7.5 施工临时建筑总面积

7.5.2 施工临时建筑总面积为施工现场生产临时建筑面积与生活临时建筑面积之和，具体参照附录 F、G。但注意的是，当安装工程与建筑工程为同一施工单位施工时，施工临时建筑总面积值按表数值乘以 0.96 系数。

8 施工力能供应

8.2 供 水

8.2.2 选用符合标准的施工用水是确保施工人员身体健康以及保证工程施工质量和设备安全的基本条件之一，因此本条明确提出了各项施工用水的水质应符合相应的规范要求。

8.2.3 考虑到生活区和施工区分别供水时，应对生活区和施工区单独计算供水量。

8.2.4 火力发电工程均采用招投标的方法来选定施工单位，所以施工水源应由建设单位提供，提供的水质应符合相应的规范要求。

8.2.5 设置供水系统的目的是确保各施工用水点有足够的水量和压头。考虑到当前一个工程多方施工的现状，明确了施工供水系统应统一规划，并以简化系统、降低成本为原则。

8.2.6 本条文是施工给水管网布置的基本原则，是根据GB 50015《建筑给水排水设计规范》和GB 50720《施工现场消防安全技术规范》的相关内容以及火力发电工程施工现场的特点编写的。增加了消防附件的选择应符合当地消防部门规定的要求。

8.2.8 施工现场是否设置贮水设施应根据现场的实际情况而定，即当水源或外网的供水能力小于现场的最大用水量时，应设水池贮水。其容积应根据调节贮水量和消防贮水量的大小，经计算确定。从调研的资料分析来看差别极大，无规律性可言；因此本条文只对其作定性的描述而不作定量的指标规定。

8.2.9 引自GB 50015《建筑给水排水设计规范》对生活水供水管道布置的要求。

8.3 供 电

8.3.2 施工电源应由建设单位提供，施工电源的质量应符合相应的要求，电量应满足施工用电量指标的要求。由于箱式变电站具有使用安全、运输及安装快速方便等优点，应优先选用。

8.3.6 根据 GB 50194《建设工程施工现场供用电安全规范》的相关规定，本条文明确施工低压电源应采用三相五线制。

8.3.10 考虑到地区的差异，施工现场也可采用变压器户外布置，但其安装位置及安装高度应遵循本条的规定。

8.3.16 施工现场用电安全涉及面较广，GB 50194《建设工程施工现场供用电安全规范》对此作了详细的规定，各施工单位在使用时应遵照执行。

8.4 氧气、乙炔、氩气和压缩空气

8.4.2 现场氧气的供应方式应根据施工单位所承担工程项目的规模和现场的实际情况而定。集中供气管理方便、安全，用量大时尽可能集中供气。集中供气站采用汇流管排式。

8.4.4 氧气汇流供气站的火灾危险类别及建筑物的防火等级按 GB 50016《建筑设计防火规范》、GB 50030《氧气站设计规范》确定，当现场建筑物防火级别不能满足规范要求时，应按防火类别所对应的防火要求对建筑物的防火等级作出修改。

8.4.6 目前采购乙炔气基本为瓶装气。在铆焊场、组合场以及主厂房等用气量较大的区域推荐采用管道集中供气的方式。用量少的区域采用分散供应的方式。

8.4.7 乙炔汇流供气站的火灾危险类别及建筑物的防火等级按 GB 50016《建筑设计防火规范》、GB 50031《乙炔站设计规范》确定，当现场建筑物防火级别不能满足规范要求时，应按防火类别所对应的防火要求对建筑物的防火等级作出修改。

8.4.11 施工用氩弧焊焊接管的范围不同，氩气用量相差很大，需

要根据氩弧焊的焊口数计算。附表中列出的氩气参考量为经验数值。

8.4.13 施工现场一般均采用分散的压缩机提供施工用压缩空气，如需要统一布置力能压力空气管线时，可根据同时使用的用气设备耗气量进行相加计算用气量。

8.6 供　　热

8.6.6 冬期土建施工时，应根据当地的气象资料以及现场的实际情况；并参照 JGJ/T 104《建筑工程冬期施工规程》的规定采取切实可行的技术措施，以确保施工质量。在进行安装作业时，采取将主厂房封闭等方法可以整体降低能耗、节省施工成本。

8.6.7 冬季施工生活及生产用供热总需求量为参考值，是调研的经验数据。如采取详细计算方法计算供热总需求量时，可以参考冬期施工单耗热量指标表内指标进行计算。

9 主要施工方案及特殊施工措施

9.1 一般规定

9.1 本节对施工组织设计中编制主要施工方案（措施）的性质进行了界定，对方案的编制条件、选择、针对性，以及施工机械的使用提出了一般原则性要求。在此要求下进行施工组织设计的策划和编制。

9.1.6 施工单位可结合火电工程特点，根据《建设工程安全生产管理条例》（国务院令第 393 号）《危险性较大的分部分项工程安全管理办法》（建质〔2009〕87 号文），编制实施细则，明确范围和评审办法。

9.2 主要施工方案

9.2.3 本条文对施工方案编制的内容提出了指导性意见。施工组织总设计中施工方案的内容不强求面面俱到，可根据项目的特点进行选取，突出重点、难点。

9.2.6、9.2.7 土建、安装专业主要施工方案

本条对土建和安装专业主要施工方案的编制范围提出了指导性意见，在此基础上根据工程项目的情况作适当调整。以此作为建设、监理单位和各施工单位在编制施工组织设计中遵循的原则。由于施工组织设计中方案为原则性方案，尽可能避免扩大范围及过细的编制，未编制的方案可在专业设计或作业指导书中落实编制。

9.2.8 本条为新增内容。随着机械化施工及管道安装工艺要求的水平提高，中低压管道工厂化加工装配的施工工艺已引入施工现场。本条对加工的管道规格、现场设计及设计院的设计深度提出了相应要求，以适应工厂化加工装配工作。其中设计院的设计深度由建设单位落实。

9.4 机械装备及机械化施工

9.4.1 大型起重机械的选择，特别是主厂房和锅炉安装区域的大型起重机械的选择与布置是施工组织设计中较为重要的内容，其牵涉面较大，也是主要吊装方案编制的基础。本条突出了这方面的要求。

9.4.2 全国专业机械租赁市场较完善，各类施工机械能够满足施工需求，应充分利用社会机械资源，不必强求施工企业所有机械都要自备，而允许企业租赁机械。

9.4.3 为确保工程的施工进度，增加了制订施工机械进出场计划、租赁计划和维修计划的内容。同时根据现行的法规要求，对起重机械等特种设备要定期进行安全技术检验，故在编制具体的施工进度计划时，要考虑机械安装、拆卸、维修、定期检验的因素。

9.5 新技术应用

9.5.2 本条文对新技术的推广、策划、实施等方面提出了建议要求。随着科技进步，新技术不断的涌现，施工队伍应更多地引用、借鉴和消化行业内先进的施工技术、方法、工艺等，改进自身原有的施工技术、方法、工艺，提高技术能力和技术水平，因此，在工程前期进行新技术应用的策划，施工中组织落实，提高工程的施工质量。

10 质 量 管 理

10.2 质 量 目 标

10.2.1 本条文强调项目质量管理目标的制定要满足合同的要求，在满足合同要求基础上体现本企业质量管理水平。

10.2.2 本条文强调总体目标应按 DL 5277《火电工程达标投产验收规程》要求将质量目标分解到各专业，要求质量目标是可测量的，目的是促使整个工程项目形成一个完整的质量目标管理体系，有利于质量目标控制、协调、实施和实现。

10.4 质量管理、质量保证措施

10.4.3 本条文提出了施工组织设计应制定工程质量管理所采取的专项措施，并提出施工单位宜采取实施"工程样板"管理措施，提高工程质量；"工程样板"可以是"工程实体样板"，也可以是计算机绘制的样板图示或工程照片。

10.5 工 程 创 优 措 施

10.5.1 本条文提出了如果施工合同有创优目标要求，建设单位应编制创优规划，施工单位应积极响应并在施工组织设计质量管理章节中明确创优目标，创优组织机构及具体措施。

10.5.3 创优专项措施应反映新技术应用、科技成果、专利、QC 成果等相关内容。

11 职业健康与安全管理

11.1 一般规定

11.1.4 本条文提出了在遵守国家、地方、行业安全标准的前提下，也应遵守建设单位的制度或规定，满足合同的要求。

11.1.5 职业健康安全管理坚持"以人为本"的管理理念，实现人与自然、人与社会、人与人自身的和谐发展，体现了科学发展观的核心。同时安全管理坚持管生产必须管安全的基本原则。

11.2 职业健康与安全目标

11.2.4 目标管理方案是实现职业健康与安全目标的行动计划。对于难点问题，可制定更为详细的项目计划，作为目标管理方案的一部分。而且安全管理目标也要结合工程实际进行动态管理。

11.3 职业健康与安全管理组织机构及职责

11.3.1 职业健康与安全管理组织机构的设置

1 本条文中的职业健康与安全管理网络是指施工单位按建设单位的要求和国家相关规定，建立健全安全生产保证体系和监督体系。安全工作要做到"谁主管、谁负责"，坚持"五同时"，即在对生产工作计划、布置、检查、考核、总结的同时进行安全工作的计划、布置、检查、考核、总结。实行各级安全第一责任人要逐级签订安全责任书，在企业内推行安全目标公开承诺制度。

11.3.2 职业健康与安全管理的职责和权限

2 在安全生产、安全技术、消防、机械相关的安全管理网络中项目经理、技术负责人和相关行政管理人员要承担相应的安全责任。

11.4 职业健康与安全管理措施

11.4.1 本条文要求建立的文件中：

3 应对重大作业风险控制计划中的危险源清单进行辨识，施工过程中需要定期对危险源清单更新。

6 建立特种设备的安全技术措施，包含的安全技术档案有：
1）特种设备的设计文件、产品质量合格证明、安装及使用维护保养说明、监督检验证明等相关技术资料和文件。
2）特种设备的定期检验和定期自行检查记录。
3）特种设备的日常使用状况记录。
4）特种设备及其附属仪器仪表的维护保养记录。
5）特种设备的运行故障和事故记录。

11.4.2 施工组织设计应明确职业健康与安全管理所采取的技术措施，这些措施包含：

2 因《工程建设标准强制性条文》涉及内容较广，所以要编制针对性较强的各专业《工程建设标准强制性条文实施细则》并形成记录。

11.4.4 施工组织设计应明确职业健康与安全管理所采取的经济措施，这些措施包含：

2 安全风险责任制度可包含《安全风险抵押金管理制度》《安全标准化绩效评价制度》《安全目标考核》等相关制度。

12 环 境 管 理

12.2 环境管理目标

12.2.1 本条文强调项目环境管理目标的制定应满足合同的要求，在满足合同要求基础上体现本企业管理水平，实现环境管理标准化。

12.2.3 本条文强调环境管理目标应分解到阶段性管理指标，并且目标是可测量的，目的是促使整个工程项目形成一个完整的目标体系，有利于目标控制、协调和实施。

12.4 环境管理措施

12.4.1 本条文提出施工组织设计应对工程的环境管理进行策划，编制环境管理文件、建立环境管理制度；采取有效措施，防治在工程建设或者其他活动中产生的废气、废水、废渣、粉尘、恶臭气体、放射性物质以及噪声、振动、电磁波辐射等对环境的污染和危害。采用资源利用率高、污染物排放量少的设备和工艺，采用经济合理的废弃物综合利用技术和污染物处理技术。

12.4.2 施工组织设计应描述工程环境管理所采取的各种控制措施条文解释

1 本条文提出制定节能降耗、废弃物管理措施，防止采购不合格材料，优先采用环保型，应遵循减量化、再使用、再循环、替代、效益最大化、节约意识自觉化的原则；做到最小环境影响控制，最低物耗能耗的控制，最低成本的控制，以及最低环境风险的控制。对"三废"能按规定妥善处理，认真执行废弃物分类管理相关规定，施工现场要增设废弃物回收场地及设施，实行分类管理并标示；有毒废化工材料及包装物由专人集中回收；工业棉布、含油棉纱、油手套尽量回收处理后利用；其他可集中利用废弃物回收后，定期处理；禁止将有毒、有害废弃物用作土方回填；实验室有毒、有害清洗液及废试液瓶专门进行处理；办公区废复写纸、废色带、废磁盘、废计算器、废日光灯等统一回收处理。

2 本条文提出制定防尘、防毒管理措施，现场主要施工道路采用硬化地面，场地平整要做好洒水降尘，临时露天存放的水泥、白灰、保温岩棉应进行覆盖，现场搅拌站、水泥库完全封闭，主厂房及附属建筑物清扫应采用吊笼或专用垃圾清理通道，严禁向下抛洒。筑炉、喷砂除锈、粉尘清理时现场加强通风，施工人员配备防尘面具。

3 本条文提出制定防辐射及噪声管理措施。周边环境对施工现场有特殊要求的工程在施工前做好隔声降噪围挡、围帘，钢结构制作尽量在车间内进行，现场木工棚、混凝土输送泵站进行封闭，爆破拆除工程设置硬质封闭围挡，合理安排易发生噪声工序，现场附近有居民生活区施工时要做好安民告示，施工单位依据环境管理文件要求，对厂界噪声做好监测，并做好记录。

4 本条文提出制定设备和成品保护、防止"二次污染"的措施；严格把好设备运输、检验、存放、起吊、安装各道工序关，避免发生损坏、腐蚀及落入杂物等问题，对已施工完毕的成品表面，应采取保护措施，保持外观的整洁美观。

6 本条文提出制定光污染管理措施；现场照明灯配备定向照明灯罩，使用前调整好照射角度，不得射入居民家中；电焊施工时，使用严密围挡遮住射向居民住宅一侧弧光。

7 本条文提出制定化学危险品管理措施：① 油品的泄漏：严格执行易燃、易爆、有毒、有害物品管理保管制度；② 在现场设立化学危险品及油品专用仓库或储存室，并设专人管理；③ 对酸、碱残液回收后集中排放，统一处理；④ 对施工机械加强维修保养。

12.5 绿 色 施 工

12.5.1 我国尚处于经济快速发展阶段。作为大量消耗资源影响环境的建筑业，应全面实施绿色施工，承担起可持续发展的社会责任。导则规定，火电工程应实施《绿色施工导则》（建质〔2007〕223号文）

13 物 资 管 理

13.2 物资管理组织机构及职责

13.2.1 本条提出的物资管理组织机构应包含建设单位、施工单位及代保管单位。各级机构的基本职责如下：

建设单位：建立相应物资管理制度，明确管理内容、流程、职责，对施工单位、设备代保管单位物资管理进行监管。

施工单位：执行建设单位管理制度，并建立自购物资管理制度、甲供物资管理制度，对分包单位物资进行监控。

设备代保管单位：按照建设单位物资管理要求，建立设备保管制度。

14 现场教育培训

14.1 一般规定

14.1.1 现场教育培训指项目为改善和提高员工的知识、技能、工作方法及工作态度，提升项目整体管理水平，在施工现场组织实施的内部培训工作。

14.1.2 本条文有3点说明：
1） 现场教育培训的类型主要有管理类、知识类及业务技能类等三大类，包含项目管理要求、工程施工安全、工程施工质量、工程施工工艺水平、新技术应用等方面的内容。培训的对象应依据培训的类型及培训内容面向管理层及作业层的相关人员。
2） 教育培训包括计划编制、组织实施和培训效果评估等工作内容。教育培训的内容及时间安排应与工程管理所需及工程进展相适应，使之具有针对性。
3） 培训主要有集中培训、自学及技能实际操作等形式。

14.1.3 本条文有2点说明：
1） 培训计划可采用表格方式，至少应包含培训内容、培训时间、培训对象及培训实施的责任部门或责任人等方面的内容。
2） 培训效果的评估主要有培训的方式、培训老师的水平及培训人员的接受效果等方面的内容。培训的方式及培训老师的水平可通过问卷方式进行评估，培训人员的接受效果可通过课堂提问、课后考试及实际操作等方式进行评估。

15 工程信息化管理

15.1 一般规定

15.1.1 工程信息化管理是现代火力发电工程施工管理的一项重要内容，也是实现火力发电工程基建达标和创建优质工程过程中必要的、科学的现代化控制手段。

15.1.2 本条文中工程管理指工程的安全、质量、进度、成本等的管理；施工专业技术管理指锅炉、汽轮机、电气、焊接等专业信息化管理。

15.3 计算机网络建设

15.3.3 本条文所涉及计算机房的建设和验收宜按照 GB 50174《电子计算机房设计规范》中 C 级机房标准进行，以确保信息化基础设施能够支撑信息系统在项目建设周期内安全可靠运行；区域网的管理一般由建设单位作出规定。

15.4 信息技术的应用

15.4.2 本条文所指"各项主要管理工作计划"具体包括施工进度计划、图纸交付计划、物资供应计划、劳动力资源计划、机械使用计划等。

15.4.4 本条文强调应通过绩效考核工作，建立健全信息化应用激励约束机制，推进信息化应用水平提升，确保合同顺利履行。

15.4.5 施工管理中应积极倡导、推荐应用先进的信息技术进行工程管理。

15.5 信息的安全和维护

15.5.3 本条文具体涉及防病毒管理、用户入网退网管理、IP 地址资源管理、因特网带宽资源管理、涉密信息管理、用户浏览内容审计管理、机房日常管理、系统维护管理、电子信息归档管理、数据备份管理等方面的制度。

15.5.5 本条文提出信息安全和信息维护工作必须形成长效机制，切忌形式主义。

附录D 施工总平面布置示例

图D 某电力建设工程施工总平面布置图

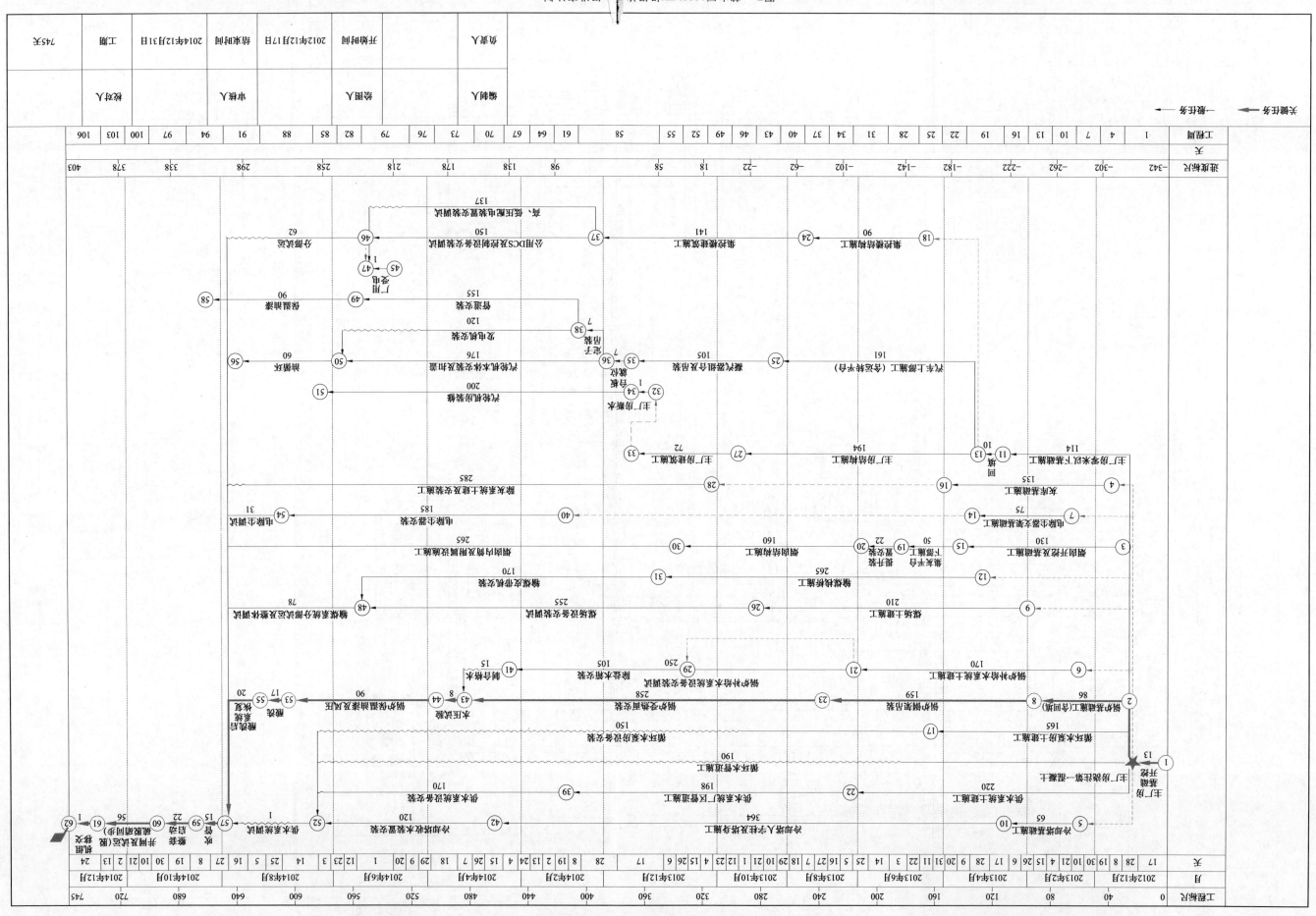